BEI GRIN MACHT SICH IHR WISSEN BEZAHLT

- Wir veröffentlichen Ihre Hausarbeit, Bachelor- und Masterarbeit

- Ihr eigenes eBook und Buch - weltweit in allen wichtigen Shops

- Verdienen Sie an jedem Verkauf

Jetzt bei www.GRIN.com hochladen und kostenlos publizieren

Alexander Breitberg

Prädiktive Instandhaltung

Prognose der belastungsabhängigen Lebensdauer von Maschinen, Werkzeugen und Komponenten

GRIN Verlag

Bibliografische Information der Deutschen Nationalbibliothek:

Die Deutsche Bibliothek verzeichnet diese Publikation in der Deutschen National-
bibliografie; detaillierte bibliografische Daten sind im Internet über http://dnb.d-
nb.de/ abrufbar.

Impressum:

Copyright © 2013 GRIN Verlag, Open Publishing GmbH
Druck und Bindung: Books on Demand GmbH, Norderstedt Germany
ISBN: 978-3-656-49251-1

Dieses Buch bei GRIN:

http://www.grin.com/de/e-book/232434/praediktive-instandhaltung

Bachelorarbeit

cand. mach. (B. Sc.) Alexander Breitberg

Prädiktive Instandhaltung

Kurzfassung

Um Instandhaltungseinsätze möglichst effizient zu gestalten, existieren in der aktuellen Forschung verschiedene Ansätze.

Der Trend zur möglichst guten Prognose von benötigen Instandhaltungstätigkeiten ist dabei ungebrochen. Um eine möglichst realistische Prognose zu generieren, sind vor allem auch die Belastungen, welchen eine Maschine in der Produktion ausgesetzt ist, mit in die Prognose zu integrieren. Hierbei ist es entscheidend, die jeweiligen relevanten Belastungsarten zu berücksichtigen und in die Betrachtung zu integrieren.

Ziel der wissenschaftlichen Arbeit ist, mittels einer Literaturrecherche die verschiedenen bestehenden Belastungsarten der Maschinen und Werkzeuge zu identifizieren und die entsprechenden Lebensdauer-Last-Beziehungen zu ermitteln. Die Belastungsarten werden den Industriezweigen zugeordnet, in welchen sie besondere Relevanz haben.

Um eine möglichst realistische Prognose der Lebensdauer von Maschinen und Werkzeugen erstellen zu können, wird ein Überblick der Belastungsarten nach Industriezweigen und der Gesamtheit aller existierenden Lebensdauer-Last-Beziehungen erarbeitet.

Abstract

Current research suggests various approaches to carrying out maintenance operations as efficiently as possible.

However, there is an unbroken trend towards assessing as accurately as possible which maintenance operations will be required. To make the most realistic evaluation possible, it is particularly important to consider the loads to which a machine is exposed in production. It is crucial to take into account all the relevant stress factors and to integrate these into the assessment.

The purpose of the research is to identify the various types of loads on machines and tools, by means of scientific literature, and to determine the appropriate load-life relationships. Load types are allocated to the industries in which they are particularly relevant.

In order to make the best possible forecasts for the life of machinery and tools, an overview is prepared of stress types according to industry and all existing load-life relationships as a whole.

Inhaltsverzeichnis

Abkürzungen und Formelzeichen

Abkürzung	Bedeutung
BS	Belastungsstufe
CBN	kubisch kristallines Bornitrid
DIN	Deutsches Institut für Normung
EN	Europäische Norm
GLL	General Log Linear Model
HCI	Hot-Carrier-Injection
IPL	Inverse Power Law
ISO	Internationale Organisation für Normung
KSS	Kühlschmierstoff
MKS	Mindermengenkühlschmierung
MMKS	Minimalmengenkühlschmierung
MMS	Minimalmengenschmierung
MOSFET	Metall-Oxid-Halbleiter-Feldeffekttransistor
MTTF	Mean Time To Failure
NIST	National Institute of Standards and Technology
PHM	Proportional Hazard Model
PKD	Polykristalliner Diamant
TTF	Time To Failure
VDI	Verein Deutscher Ingenieure

Formelzeichen	Größe	Einheit
α	Modellparameter	-
α	Freiwinkel der Schneide	°
β	Modellparameter	-
β	Formparameter der Weibullverteilung	-
γ	Modellparameter	-
γ	Spanwinkel der Schneide	°
$\Gamma(x)$	Gammafunktion der Weibullverteilung	-
ΔT	Temperaturbandbreite	K
ε	Modellparameter	-
η	Lageparameter der Weibullverteilung	h, min, s
Θ	Absolute Temperatur an der Wirkstelle	K
$\lambda(t)$	Ausfallrate	1/h, 1/min, 1/s
φ	Absolute Luftfeuchte	kg/m³
φ_{rel}	Relative Luftfeuchte	%
ϕ	Modellparameter	-
a	Modellparameter	-
a_p	Schnitttiefe	mm
A_0	Modellparameter	-
A	Modellparameter	-
B	Modellparameter	-
B_0	Skalierungsfaktor	-
C	Modellparameter	-
C	Dynamische Tragzahl	N
C	Taylor-Konstante	-
C_T	Schnittgeschwindigkeit bei T=1 min	m/min
C_V	Standzeit bei v_c=1 m/min	min
d	Schnitttiefe	mm
D	Modellparameter	-
e	Eulersche Zahl, e≈2,7	-
E_a	Aktivierungsenergie	eV
E	Modellparameter	-
$E_{weibull}$	Erwartungswert	-
$f(t)$	Dichtefunktion	-

F(t)	Ausfallwahrscheinlichkeit	%
f(V)	Funktion der Spannung	-
f	Lastwechselfrequenz	Hz
f	Vorschub	mm
f_z	Vorschub	mm
HBW	Brinellhärte	HBW
I	Stromstärke	A
I_{gate}	Stromstärke Substrat	A
I_{sub}	Stromstärke Gate	A
J	Stromdichte	A/cm²
k	Boltzmannkonstante, $k=8{,}617 \cdot 10^{-5}$	eV/K
k	Modellparameter	-
L(V)	Lebensdauer	h, min, s
L_{10}	Nominelle Lebensdauer bei 10% Ausfallwahrscheinlichkeit	10^6 Umdrehungen
L_{10h}	Nominelle Lebensdauer bei 10% Ausfallwahrscheinlichkeit	h
M	Modellparameter	-
m_D	Masse von Wasserdampf	kg
m_{max}	Masse von Wasserdampf bei Sättigung	kg
n	Modellparameter	-
n	Lagerdrehzahl	-
N	Modellparameter	-
N	Anzahl Lastwechsel bis zum Bruch	-
n_{NDM}	Modellparameter bei MMKS	-
p	Lebensdauerexponent Lager	-
P	Dynamisch äquivalente Belastung	N
p_D	Partialdruck von Wasserdampf	Pa
p_S	Sättigungsdampfdruck von Wasserdampf	Pa
R(t)	Überlebenswahrscheinlichkeit, Zuverlässigkeit	%
RH	Relative Feuchte	%
S	Zugbelastung	N
S_1	Belastungsfunktion	-
S_2	Belastungsfunktion	-
T	Absolute Temperatur	K

t_f	Zeit bis zum Ausfall	h, min, s
t	Zeit	h, min, s
T	Standzeit	min
T_R	Referenzstandzeit	min
T_{max}	Maximal erreichbare Temperatur	K
U	Spannung	V
U	Nichtthermische Belastung	-
U	Relative Feuchte	%
V	Belastung	-
V_L	Luftvolumen	m^3
v_c	Schnittgeschwindigkeit	m/min
v_R	Schnittgeschwindigkeit bei Standzeit T=1 min	m/min
W_c	Beschichtungsfaktor	-
$\underline{X}$	Lastvektor	-
x_j	Belastung j	-

1 Einleitung

1.1 Problemstellung und Motivation

Viele Unternehmen stehen heute vor der Herausforderung, ihre Produktionsanlagen intensiver zu nutzen und Produktivität deutlich zu steigern. Fertigungstechnologien und –anlagen werden immer komplexer und kostenintensiver. Entsprechend wachsen auch die Anforderungen an die Instandhaltung. Dieser Bereich steht vor immer schwierigeren Aufgaben, da die wachsenden Investitionen in komplexere Produktionsprozesse sich nur dann finanziell rechtfertigen lassen, wenn eine sehr hohe Anlagenverfügbarkeit gewährleistet werden kann [Röt-05].

Eine große Vielfalt der Produktionsanlagen, welche zunehmend individuell auf Kundenanforderungen angepasst bzw. speziell nach Kundenwunsch entwickelt werden, führt zur noch größeren Vielfalt einzelner Komponenten. Innovations- und Produktlebenszyklen werden immer kürzer, gleichzeitig bilden Maschinen- und Anlagenkomponenten mit ihren Vorgänger- und Nachfolgeversionen ein komplexes System mit unterschiedlichen Lebenszyklen. Dadurch wird die Prognose des Ersatzteilebedarfs immer schwieriger und unsicherer [Nig-10].

Zu den Hauptaufgaben einer leistungsfähigen Instandhaltung gehören die Gewährleistung einer hohen Anlageverfügbarkeit und das Halten der Maschinenstillstände auf einem niedrigen Niveau. Das wird heutzutage teuer erkauft, entweder durch erhöhte Bestände von Ersatzteilen im Lager mit entsprechend hohen Kapitalbindungs- und Lagerkosten, oder durch kalkulierte Risiken, verbunden mit Vertragsstrafen und Imageschäden als Folgen von Produktionsausfällen und Unterbeständen [Röt-05; Nig-10]. Auf der anderen Seite, wird von Kunden zunehmend gefordert, dass Maschinenhersteller, neben den Produktionsanlagen, auch entsprechende immer umfassenderen vertraglich abgesicherten Verfügbarkeitsgarantien anbieten [Waw-7].

Um Ausfälle der Maschinenkomponenten möglichst genau voraussagen zu können, sind vor allem große Mengen an Betriebsdaten notwendig. Steigender Individualisierungsgrad hat zur Folge, dass Verkaufszahlen einzelner Maschinentypen niedrig sind. Aufbau einer soliden Datenbasis für statistische Auswertung der Lebensdauer wird dadurch sehr kompliziert. Ausfallratenkataloge, wie z.B. in Elektroindustrie, welche als Richtwerte benutzt werden können, sind im Maschinenbaubereich nicht vorhanden, da hier die Erfahrungswerte fehlen, welche Zuverlässigkeit und Lebenszykluskosten betreffen. Eine Anwendung bestehender Methoden der Zuverlässigkeitsberechnung kann im Werkzeugmaschinenbereich zu stark unterschiedlichen Ergebnissen führen, wie eine Studie in der Abbildung 1.1 zeigte [Lan-10; Waw-7]:

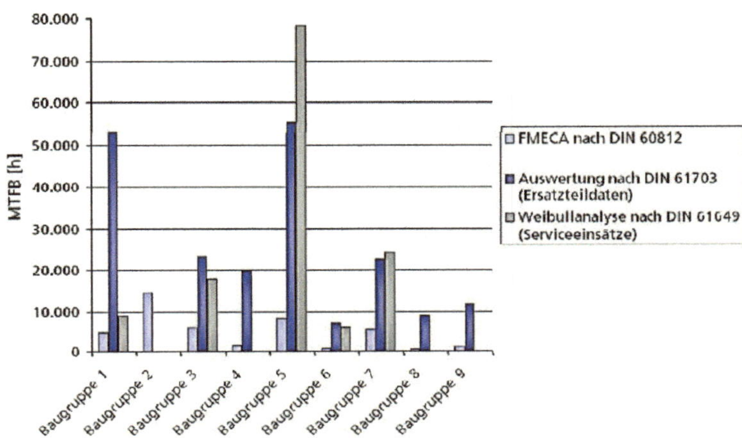

Abbildung 1.1: Ergebnisvergleich der Zuverlässigkeitsmethoden [Lan-10]

Außerdem, werden die Belastungen, welchen Maschinen- und Anlagenkomponenten während des Betriebs ausgesetzt sind, nicht in die Zuverlässigkeitsberechnung integriert. Dabei tragen sie die Hauptverantwortung für die Lebensdauer der Maschinenkomponenten. Die belastungsabhängige Lebensdauer ist einer der bedeutendsten Faktoren für moderne Instandhaltungstätigkeiten, welcher bisher nur ungenügend beachtet wurde. Es existieren viele unterschiedliche Ansätze, um die Abhängigkeit der Lebensdauer von der Belastung zu beschreiben, allerdings ist dieses Wissen über viele hochspezialisierte Literaturwerke breit verstreut bzw. die existierenden Standardwerke, z.B. von Nelson [Nel-04], sind inzwischen nicht mehr auf dem neuesten Stand.

1.2   Zielsetzung

Ziel der vorliegenden Arbeit ist die verschiedenen bestehenden Belastungsarten der Maschinen und Werkzeuge zu identifizieren und die entsprechenden Lebensdauer-Last-Beziehungen zu ermitteln. Die Belastungsarten werden den Industriezweigen zugeordnet, in welchen sie besondere Relevanz haben. Damit wird ein Überblick der Belastungsarten nach Industriezweigen und der Gesamtheit aller existierenden Lebensdauer-Last-Beziehungen erarbeitet, um sie in Betrachtung der Zuverlässigkeit zu integrieren.

Mit Kenntnis der relevanten Belastungsarten mit entsprechenden Einflussgrößen und daraus resultierenden Lebensdauer-Last-Beziehungen wird ihre Einbindung in die Lebensdauerberechnung bzw. in Planung der Instandhaltung möglich. Die benötigten Instandhaltungsaufgaben können dann entsprechend effizienter gestaltet werden, die Prognosen werden deutlich genauer bzw. realistischer.

1.3 Aufbau der Arbeit

Die vorliegende Arbeit ist in fünf Kapitel zuzüglich Literaturverzeichnisses gegliedert. Im Kapitel 2 werden Grundlagen der Zuverlässigkeit und Zuverlässigkeitsanalyse dargestellt sowie der Begriff der Lebensdauer-Last-Beziehung erläutert. Kapitel 3 behandelt jede Lebensdauer-Last-Beziehung im Einzelnen. Anschließend werden die Lebensdauer-Last-Beziehungen im Überblick in einer Tabellenform im Kapitel 4 aufgeführt. Zusammenfassung und Ausblick bilden das fünfte und letzte Kapitel der Arbeit.

2   Grundlagen

In diesem Kapitel werden vor dem Hintergrund der Zielsetzung dieser Arbeit die wesentlichen Aspekte der Zuverlässigkeitstheorie mit entsprechenden Definitionen und Kenngrößen dargestellt.

2.1 Zuverlässigkeit

Es existieren mehrere unterschiedliche Definitionen der Zuverlässigkeit in aktuellen Normen. Laut DIN EN 60300 ist die Zuverlässigkeit ein „zusammenfassenden Ausdruck zur Beschreibung der Verfügbarkeit und ihrer Einflussfaktoren Funktionsfähigkeit, Instandhaltbarkeit und Instandhaltungsbereitschaft" [DIN EN 60300-1]. Diese Definition umfasst sowohl das Ausfallverhalten als auch das Instandsetzungsverhalten einer Einheit.

Nach DIN 40041 ist die Zuverlässigkeit die Beschaffenheit eines Gegenstands der Betrachtung bezüglich seiner Eignung, während oder nach vorgegebenen Zeitspannen bei vorgegebenen Anwendungsbedingungen die Zuverlässigkeitsforderung zu erfüllen [DIN 40041]. Das Ausfallverhalten wird hier weniger beachtet. In der Norm DIN EN 13306 wird eine ähnliche Formulierung verwendet, demnach ist die Zuverlässigkeit eine „Fähigkeit, eine geforderte Funktion unter gegebenen Bedingungen für eine gegebene Zeitspanne zu erfüllen", allerdings mit einer Anmerkung, dass die Zuverlässigkeit auch als eine Wahrscheinlichkeit oder ein Leistungsindikator definiert und quantitativ bestimmt werden kann[DIN EN 13306].

Military Standard 785 definiert die Zuverlässigkeit als eine Wahrscheinlichkeit oder eine Dauer des fehlerfreien Betriebs eines Gegenstands unter gegebenen Betriebsbedingungen [MIL-STD-785B]. Diese Definition beschreibt nur das Ausfallverhalten und die Wahrscheinlichkeit, dass während der gegebenen Zeitspanne kein Versagen eintritt. [Waw-7] Bertsche und Lechner definieren die Zuverlässigkeit als „Wahrscheinlichkeit dafür, dass ein Produkt während einer definierten Zeitdauer unter gegebenen Funktions- und Umgebungsbedingungen nicht ausfällt" [Ber-04].

Mit Zuverlässigkeit ist auch der Begriff der Störung verbunden. Laut DIN EN 13306 ist Störung ein „Zustand einer Einheit, gekennzeichnet durch ihre aus irgendeinem Grund vorhandene Unfähigkeit, eine geforderte Funktion nicht zu erfüllen" [DIN EN 13306]. dagegen ist Verfügbarkeit eine „Fähigkeit, unter gegebenen Bedingungen und wenn erforderlich in einem Zustand zu sein, eine geforderte Funktion zu erfüllen, vorausgesetzt, dass die erforderlichen externen Hilfsmittel bereitgestellt sind." [DIN EN 13306] Störung wird oft als Synonym zum Begriff Ausfall verwendet [Waw-7]. Nach DIN EN 13306 ist die Betriebszeit bis zu einem Ausfall oder die Time To Failure (TTF) eine „aufsummierte Spanne der Betriebszeit einer Einheit, von der ersten Inbetriebnahme der Einheit bis zum Ausfall oder vom Zeitpunkt der Wiederherstellung bis zum nächsten Ausfall [DIN EN 13306]. Die mittlere Dauer bis zum Ausfall (MTTF – Mean Time To Failure) bzw. die mittlere Betriebsdauer zwischen Ausfällen (MTBF – Mean Time Between Failure) berechnet sich zu [DIN EN 61703]:

$$MTTF = MTBF = \int_{t=0}^{\infty} t \cdot f(t)dt \qquad\qquad \text{Formel 2-1}$$

In der Formel 2-1 beschreibt f(t) die Wahrscheinlichkeitsdichte der Dauer bis zum Ausfall der Einheit. Die Verteilungsfunktion F(t), welche aus dem Integral über die Wahrscheinlichkeitsdichte f(t) ergibt, wird als Ausfallwahrscheinlichkeit bezeichnet. Sie beschreibt die Wahrscheinlichkeit, mit welcher die Ausfälle zum Zeitpunkt t insgesamt auftreten [Ber-04]:

$$F(t) = \int\limits_{o}^{t} f(t)\,dt$$

Formel 2-2

Im Bereich der Zuverlässigkeit ist die Überlebenswahrscheinlichkeit R(t) von großer Bedeutung. Sie beschreibt die zeitabhängige Wahrscheinlichkeit R(t) für den Nicht-Ausfall [Ber-04]:

$$R(t) = \int\limits_{t}^{\infty} f(t)\,dt$$

Formel 2-3

Die Überlebenswahrscheinlichkeit R(t) ist komplementär zur Ausfallwahrscheinlichkeit F(t):

$$R(t) = 1 - F(t)$$

Formel 2-4

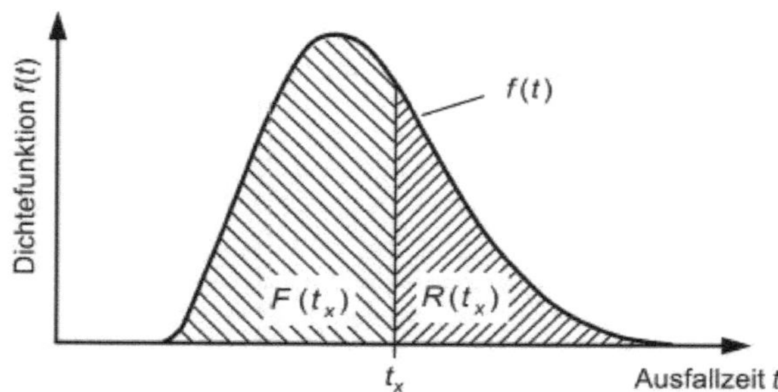

Abbildung 2.1: Überlebenswahrscheinlichkeit R(t) als Komplement zur Ausfallwahrscheinlichkeit [Ber-04]

Mit der Funktion R(t), welche oft als „Zuverlässigkeit R(t)" bezeichnet wird, kann der oft nur qualitativ verwendete Begriff Zuverlässigkeit quantitativ und objektiv beschrieben werden [Ber-04].

Die Ausfallrate λ(t) ist das Verhältnis der Anzahl der Ausfälle f(t) zur Summe der noch funktionsfähigen Einheiten R(t):

$$\lambda(t) = \frac{f(t)}{R(t)}$$

Formel 2-5

Die Ausfallrate zum Zeitpunkt t ist zu verstehen als die Wahrscheinlichkeit, dass eine Einheit ausfällt, wenn sie bis zu diesem Zeitpunkt bereits überlebt hat. Wenn ein bestimmter Zeitpunkt t betrachtet wird, gibt die Ausfallrate eine Aussage darüber, wie viele Ausfälle in der nächsten Zeit eintreten [Ber-04].

2.2 Weibull-Analyse

Um das Ausfallverhalten eines Produkts zu beschreiben, werden unterschiedliche Zuverlässigkeitsmethoden verwendet, sowohl qualitative als auch quantitative. Für Bestimmung der Ausfallverteilung technischer Komponenten wird am häufigsten die Weibull-Analyse herangezogen.

2.2.1 Weibull-Verteilung

Die Weibull-Verteilung wurde zwischen 1930 und 1950 als Ergebnis verschiedener Ermüdungsversuche empirisch entwickelt [Ber-04]. Sie wird durch den Formparameter β, welcher den Verlauf der Ausfalldichtefunktion bestimmt und über die Art des Fehlers aussagen kann, und den Lageparameter η, genannt „charakteristische Lebensdauer", beschrieben. In der Abbildung 2.2 sind die Dichtefunktion f(t), die Ausfallwahrscheinlichkeit F(t), die Ausfallrate λ(t) sowie die Überlebenswahrscheinlichkeit R(t) für unterschiedliche Werte von β dargestellt.

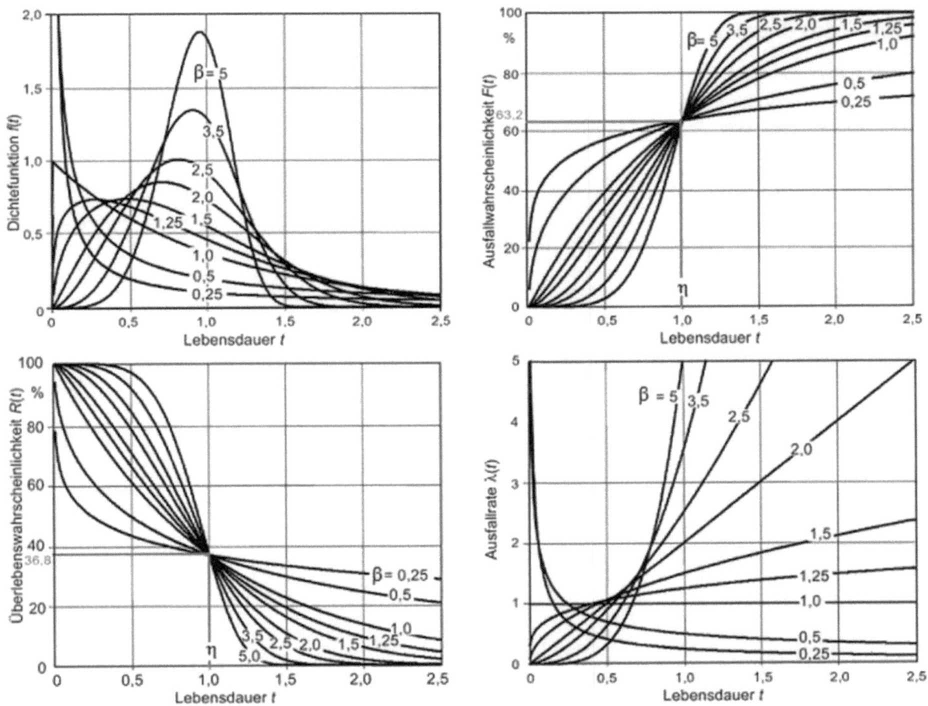

Abbildung 2.2: Funktionen der Weibullverteilung [Ber-04]

Zum Zeitpunkt η sind immer ca. 63,2% der Einheiten ausgefallen, was an dem Schnittpunkt der Verteilungsfunktionen in Abbildung 2.2 zu sehen ist [Lan-11].

Für funktionale Zusammenhänge der Dichtefunktion f(t), der Ausfallwahrscheinlichkeit F(t), der Ausfallrate λ(t), der Überlebenswahrscheinlichkeit R(t) und des Erwartungswerts der Weibullverteilung gilt:

$$f(t) = \frac{\beta}{\eta} \cdot \left(\frac{t}{\eta}\right)^{\beta-1} \cdot e^{-\left(\frac{t}{\eta}\right)^{\beta}}$$

Formel 2-6

$$F(t) = 1 - R(t) = 1 - e^{-\left(\frac{t}{\eta}\right)^{\beta}}$$

Formel 2-7

$$\lambda(t) = \frac{\beta}{\eta} \cdot \left(\frac{t}{\eta}\right)^{\beta-1}$$

Formel 2-8

$$E_{Weibull} = MTBF = \eta \cdot \Gamma\left(\frac{1}{\beta} + 1\right) \qquad mit \qquad \Gamma(x) = \int_0^{\infty} e^{-t} \cdot t^{x-1} dt$$

Formel 2-9

2.2.2 Zuverlässigkeitsanalyse

Die Weibull-Analyse ist eine der wichtigsten Methoden der Zuverlässigkeitstheorie. In DIN EN 61649 ist die Vorgehensweise komplett beschrieben [DIN EN 61649]. Mithilfe der Weibull-Analyse werden die Verteilungsparameter β und η der zweiparametrigen Weibullverteilung bestimmt. Als Grundlage dafür dienen Ausfalldaten, welche aus Lebensdauertests, Ersatzteilverkäufen oder Service- und Instandhaltungseinsätzen gewonnen werden. Die Auswertung erfolgt dann mittels Maximum-Likelihood-Methode oder Rangregressionsverfahren [Nig-10; Lan-11; Waw-7 ; Ber-04; DIN EN 61649]. Das Ausfallverhalten kann besonders einfach grafisch dargestellt werden, indem die Ausfallwahrscheinlichkeit F(t) der zweiparametrigen Weibullverteilung als Gerade auf einem speziellen „Weibullwahrscheinlichkeitspapier" gezeichnet wird [Ber-04; Lan-11]. Um die Funktion der Ausfallwahrscheinlichkeit F(t) (Formel 2-7) in linearisierte Form zu bringen, wird doppelt logarithmiert [Ber-04; Lan-11; DIN EN 61649]:

$$F(t) = 1 - e^{-\left(\frac{t}{\eta}\right)^{\beta}}$$

$$\Leftrightarrow 1 - F(t) = e^{-\left(\frac{t}{\eta}\right)^{\beta}}$$

$$\Leftrightarrow \frac{1}{1 - F(t)} = e^{\left(\frac{t}{\eta}\right)^{\beta}}$$

Formel 2-10

$$\ln\left(\frac{1}{1 - F(t)}\right) = \left(\frac{t}{\eta}\right)^{\beta}$$

$$\ln\left(\ln\left(\frac{1}{1 - F(t)}\right)\right) = \beta \ln\left(\frac{t}{\eta}\right) = \beta \ln(t) - \beta \ln(\eta)$$

Eine Geradengleichung hat die Form y=mx+c. Koeffizientenvergleich liefert:

$$y = \ln\left(\ln\left(\frac{1}{1 - F(t)}\right)\right) \qquad Ordinaten-Skalierung$$

$$m = \beta \qquad Steigung$$

$$x = \ln(\beta) \qquad Abszissen-Skalierung$$

$$c = -\beta \ln(\eta) \qquad Achsabschnitt$$

Formel 2-11

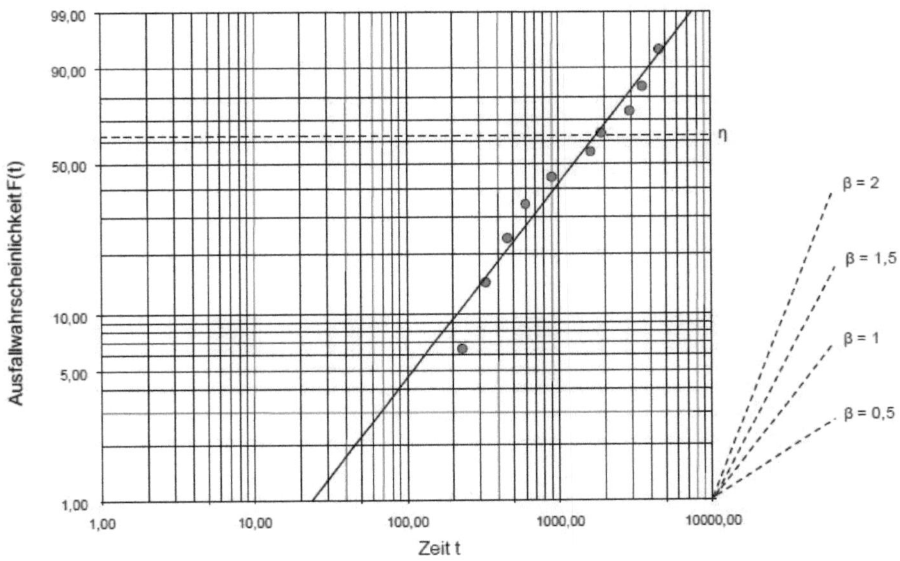

Abbildung 2.3: Stichprobe und Datenverteilung im doppellogarithmischen System [Lan-11]

In der Abbildung 2.3 ist eine einfache Logarithmierung auf der Abszisse und eine doppelte auf der Ordinate zu erkennen. Die Ausfallzeiten t mit den entsprechenden Werten von F(t) werden für die Analyse eingezeichnet und mit einem Lineal wird eine Linie gezogen. Der Schnittpunkt der Linie mit der gestrichelten 63,2%-Ausfallwahrscheinlichkeitslinie bestimmt die charakteristische Lebensdauer η. Formparameter β wird näherungsweise durch eine Parallelverschiebung der Gerade zu der Skala nach rechts [Ber-04; Lan-10].

Lebenszyklus eines Produkts bezüglich seiner Zuverlässigkeit wird meistens in drei Phasen unterteilt. Jede Phase besitzt eigene Ausfallfunktion. Zusammen bilden sie eine sogenannte „Badewannenkurve" [Ber-04]:

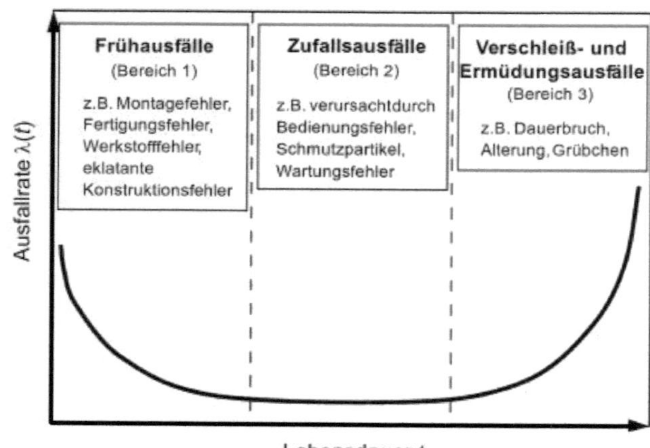

Abbildung 2.4: Badewannenkurve [Ber-04]

Die Abbildung 2.4 zeigt den Lebenszyklus eines Produkts in Abhängigkeit von dem Formparameter β. In der Phase der Frühausfälle sind unterschiedliche Produktionsfehler für die Ausfälle verantwortlich (β<1). In der Phase der Zufallsausfälle ist das Ausfallverhalten exponentialverteilt (β=1). Schließlich, mit zunehmender Alterung bzw. Ermüdung beginnt die Phase der Verschleißausfälle, in welcher die Ausfallwahrscheinlichkeit zunimmt (β>1) [Ber-04; Lan-10; Nig-10; DIN 40041].

2.3 Lebensdauer-Last-Beziehungen

Die Lebensdauer eines Produkts wird in erster Linie von den Belastungen bestimmt, welchen es im Betrieb ausgesetzt ist. Um die Zuverlässigkeit eines Produkts oder einer Maschine möglichst genau zu beschreiben, ist es notwendig, die einwirkenden Belastungen zu kennen. Eine Belastung wird als eine „Einwirkung, der eine Betrachtungseinheit unterliegt", definiert [VDI 4001-2]. Eine Beanspruchung ist eine „Gesamtheit oder Teilgesamtheit der Einwirkungen, denen eine Einheit ausgesetzt ist, wird oder ausgesetzt sein kann" [DIN 40041]. Die Belastungen werden meistens nach Belastungsart aufgeteilt: mechanische, thermische und chemische sowie Kombinationen dieser Typen [VDI 3822]. Maschinen und Anlagen werden in Betrieb hauptsächlich mechanisch belastet, aber auch thermische und chemische Belastungen haben eine große Bedeutung. So wird z.B. das Ausfallverhalten mechanischer Komponenten stark von der Bearbeitungs- und Umgebungstemperatur beeinflusst. Die Feuchte der Umgebungsluft kann die Lebensdauer der elektronischen aber auch mechanischen Komponenten stark beeinträchtigen (chemische Belastung durch Korrosion). Außerdem, die Art der Bearbeitung bzw. die Schnittgeschwindigkeit hat einen großen Einfluss auf die Lebensdauer der Maschine bzw. Maschinenkomponenten. Bei Schneidewerkzeugen übt z.B. die Schnittgeschwindigkeit den größten Einfluss auf die Lebensdauer aus.

Um den Einfluss der Belastungen auf die Lebensdauer bzw. die Zuverlässigkeit einer Maschinenkomponente oder einer Maschine zu berücksichtigen, sind also Modelle notwendig, welche eine Abbildung der sogenannten Lebensdauer-Last-Beziehungen ermöglichen. Diese Modelle wurden auf dem Gebiet der beschleunigten Lebensdauerprüfung erarbeitet. Im Bereich des Maschinenbaus werden sie bis jetzt für Zuverlässigkeitsanalysen selten angewendet. Um die Zeit und den Aufwand einer Lebensdauerprüfung zu verkürzen, werden bei einer beschleunigten Lebensdauerprüfung Versuche mit erhöhter Belastung durchgeführt. Mit Hilfe eines physikalisch begründbaren Modells wird aus den Versuchsergebnissen die Lebensdauer bei realen Betriebsbedingungen abgeleitet. Da es viele Belastungsarten bzw. deren Kombinationen gibt, existieren bereits verschiedene Modelle zur Beschreibung der Abhängigkeit der Lebensdauer von der Belastung. Die Modelle haben zwei Bestandteile: eine Beschreibung des Ausfallverhaltens des Versuchsgegenstands bei verschiedenen Laststufen und eine Beschreibung der Lebensdauer-Last-Beziehung [Ber-04; ReliaSoft-13; Nig-10; Nel-04]

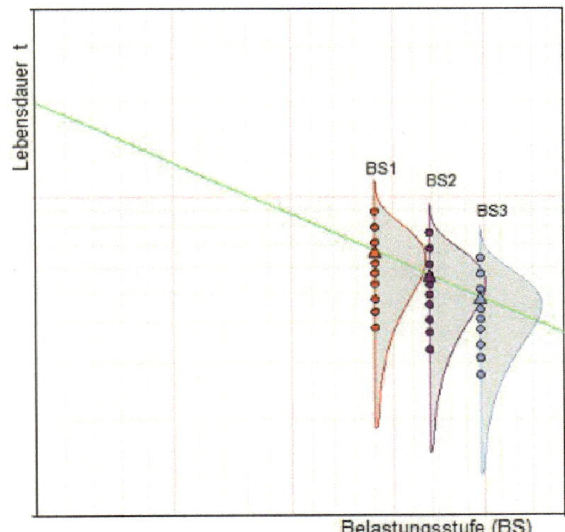

Abbildung 2.5: Lebensdauer-Last-Beziehung [ReliaSoft-13]

In der Abbildung 2.5 ist eine Lebensdauer-Last-Beziehung beispielhaft dargestellt. Es wurden Versuche mit drei ansteigenden Belastungsstufen (BS1<BS2<BS3) durchgeführt und mit Hilfe einer Verteilungsfunktion ausgewertet. Mit einer geeigneter Lebensdauer-Last-Beziehung ist es jetzt möglich, die Lebensdauer für andere Belastungsstufen zu bestimmen [ReliaSoft-13; Nig-10].

3 Lebensdauer-Last-Beziehungen im Detail

Bereits in den Anfängen industrieller Produktion wurde der Zuverlässigkeit der Maschinen und Werkzeuge eine große Bedeutung zugeschrieben. Es ist offensichtlich, dass die Lebensdauer einer Maschine, einer Maschinenkomponente oder eines Werkzeugs in erster Linie von der Belastung abhängt, welcher sie oder es während eines Produktionsvorgangs ausgesetzt wird. Im Laufe der Jahre wurden viele Zusammenhänge erarbeitet, welche die Lebensdauer eines Produkts in Verbindung mit den darauf einwirkenden Belastungen beschreiben. Nachfolgend werden alle bei der Literaturrecherche ermittelten Lebensdauer-Last-Beziehungen mit ihren Anwendungsgebieten detailliert dargestellt.

3.1 Arrhenius-Beziehung

Die Arrhenius-Beziehung ist ein weit verbreitetes und bekanntes Ausfallmodell. Ursprünglich wurde sie zur Beschreibung der Reaktionsgeschwindigkeit bei chemischen Prozessen in Abhängigkeit von der Temperatur benutzt. Es wird angenommen, dass ein Produkt versagt, wenn eine in seinem Inneren stattfindende Reaktion oder Diffusion ein kritisches Maß erreicht [Nel-04].

Unter Annahme, dass die Zeit bis zum Ausfall umgekehrt proportional zur Reaktionsgeschwindigkeit ist, hat die Arrhenius-Beziehung die Form [Nel-04; ReliaSoft-13]:

$$t_f = A_0 \exp\left(\frac{E_a}{kT}\right)$$

mit

$t_f = Zeit\ bis\ zum\ Ausfall$ $[t_f] = s$

$A_0 = Materialkonstante$ Formel 3-1

$k = Boltzmannkonstante$ $k = 8{,}617 \cdot 10^{-5}\ eV/K$

$E_a = Aktivierungsenergie$ $[eV]$

$T = absolute Temperatur$ $[K]$

Die Aktivierungsenergie E_a ist vom Ausfallmechanismus und verwendeten Werkstoff abhängig, die Werte liegen zwischen 0,3 und 1,5 oder höher.

Die Gleichung (Formel 3-1) lässt sich durch Logarithmieren als Geradengleichung darstellen:

$$\ln(t_f) = \ln A_0 + \frac{E_a}{kT}$$

                                                    Formel 3-2

Abbildung 3.1 zeigt ein beispielhaftes Arrhenius-Weibull-Modell, dargestellt auf einem sogenannten Arrhenius-Papier.

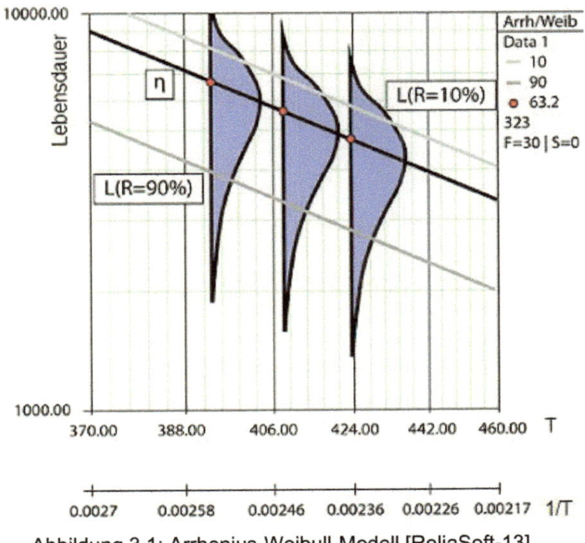

Abbildung 3.1: Arrhenius-Weibull-Modell [ReliaSoft-13]

Das Arrhenius-Modell lässt sich sehr gut auf Ausfallmechanismen nichtmechanischer Art anwenden, welche auf chemischen Prozessen, Diffusion und Elektromigration basieren [NIST].

Zu den Anwendungen gehören [Nel-04]:

- elektrische Isolierungen und Dielektrika
- Halbleiter
- Batteriezellen
- Schmiermittel und Fette
- Kunststoffe
- Glühlampenwendeln.

3.2 Eyring-Beziehungen

Um Ausfallmechanismen zu beschreiben, welche von der Temperatur und weiteren Belastungsarten verursacht werden, ist die Eyring-Beziehung sehr gut geeignet [Nel-04].

3.2.1 Allgemeine Form

Während die Arrhenius-Beziehung auf empirischen Untersuchungen basiert, hat das Modell von Eyring Chemie und Quantenmechanik als Grundlagen. Wenn ein chemischer Prozess (Reaktion, Diffusion, Korrosion etc.) für den Ausfall verantwortlich ist, beschreibt das Modell von Eyring, wie die Ausfallgeschwindigkeit bzw. die Lebensdauer mit sich ändernder Belastung variieren. Das

Modell beinhaltet immer die Temperatur als Belastungsart und kann um weitere Belastungsarten erweitert werden [Nel-04; Eyr-41].

Die Eyring-Beziehung für die Lebensdauer in Abhängigkeit von der Temperatur hat die Form [ReliaSoft-13; Nel-04]:

$$t_f = \frac{A_0}{T} \cdot \exp\left(\frac{B}{kT}\right)$$

mit

$t_f = Zeit\ \ bis\ zum\ Ausfall$ [s]

$A_0, B = Modellparameter$

$k = Boltzmannkonstante$ $k = 8{,}617 \cdot 10^{-5}\ \text{eV/K}$

$T = absolute Temperatur$ [K]

Formel 3-3

Die generalisierte Eyring-Beziehung für die Temperatur und eine weitere Belastungsart hat die Form [NIST; ReliaSoft-08]:

$$t_f = A_0 \cdot T^{\alpha} \cdot \exp\left[\frac{E_a}{kT} + \left(B + \frac{C}{T}\right) \cdot S_1\right]$$

mit

$t_f = Zeit\ \ bis\ zum\ Ausfall$ [s]

$\alpha, A_0, B, C = Modellparameter$

$S_1 = Belastungsfunktion$

$k = Boltzmannkonstante$ $k = 8{,}617 \cdot 10^{-5}\ \text{eV/K}$

$E_a = Aktivierungsenergie$ [eV]

$T = absolute Temperatur$ [K]

Formel 3-4

α, B und C bestimmen die Degradationsbeziehungen zwischen den verschiedenen Belastungskombinationen. S_1 stellt eine zusätzliche Belastungsfunktion (Spannung, Strom oder Ähnliches) dar.

Wenn noch eine zusätzliche Belastung hinzukommt, wird die Gleichung erweitert [NIST]:

$$t_f = A_0 \cdot T^{\alpha} \cdot \exp\left[\frac{E_a}{kT} + \left(B + \frac{C}{T}\right) \cdot S_1 + \left(D + \frac{E}{T}\right) \cdot S_2\right]$$

mit

$t_f = Zeit\ \ bis\ zum\ Ausfall$ [s]

$\alpha, A_0, B, C, D, E = Materialkonstante$

$S_1, S_2 = Belastungsfunktion$

$k = Boltzmannkonstante$ $k = 8{,}617 \cdot 10^{-5}\ \text{eV/K}$

$E_a = Aktivierungsenergie$ [eV]

$T = absolute Temperatur$ [K]

Formel 3-5

Bei weiteren Belastungsarten wird die Formel um entsprechende Terme erweitert. Hier ist es zu beachten, dass diese allgemeine Formel Terme beinhaltet, wo Temperatur mit anderen Belastungsarten in Wechselwirkung steht, mit anderen Worten, die Wirkung einer

Temperaturänderung ist vom Grad anderer Belastungsarten abhängig. Die meisten in der Praxis verwendeten Modelle beinhalten aber keine Wechselwirkungsterme, so dass eine relative Änderung einer Belastung vom Grad anderer Belastungen unabhängig ist. Dies ist sicherlich nicht ganz richtig, aber für eine erste Näherung ausreichend [NIST; ReliaSoft-13].

Die Eyring-Beziehung eignet sich sehr gut zur Beschreibung der Prozesse, welche zum Ausfall führen, verursacht von mehreren Belastungen. Der Parameter E_a wurde weitgehend untersucht und für viele bekannten Ausfallmechanismen und Werkstoffe bestimmt.

Als Nachteil dieser Beziehung erweist sich die Tatsache, dass selbst bei zwei Belastungsarten insgesamt fünf Parameter zu bestimmen sind (vgl. Formel 3-4), die Beschreibung jeder weiteren Belastungsart fügt zwei Parameter hinzu (vgl. Formel 3-5). In der Praxis wird die Eyring-Beziehung dann oft für jeden konkreten Ausfallmechanismus angepasst bzw. vereinfacht [NIST; Nel-04].

Aus diesem Grund existieren bereits mehrere auf Eyring basierende Modelle, auf welche jetzt näher eingegangen wird.

3.2.2 Vereinfachte Form für Temperatur oder Feuchte

ReliaSoft benutzt in seinen Softwarelösungen zur beschleunigten Lebensdauerprüfung folgende, Schreibweise für die Formel 3-3 für eine Belastungsart (Temperatur oder Feuchte) [ReliaSoft-13]:

$$L(V) = \frac{1}{V} e^{-\left(A - \frac{B}{V}\right)}$$

mit

$L = Lebensdauer$ Formel 3-6

$V = Belastungsparameter$

$A, B = Modellparameter$

Diese Formel ist der Arrhenius-Beziehung (Formel 3-1) ähnlich. Die Ähnlichkeit kommt zum Vorschein, wenn die Formel 3-4 umgeschrieben wird [ReliaSoft-13]:

$$L(V) = \frac{1}{V} e^{-\left(A - \frac{B}{V}\right)} = \frac{e^{-A}}{V} e^{\frac{B}{V}}$$ Formel 3-7

bzw.

$$L(V) = \frac{1}{V} \cdot Const \cdot e^{\frac{B}{V}}$$ Formel 3-8

Die Arrhenius-Beziehung (Formel 3-1), in ähnlicher Schreibweise dargestellt:

$$L(V) = C \cdot e^{\frac{B}{V}}$$ Formel 3-9

Es ist zu erkennen, dass der einzige Unterschied zwischen den Formeln 3-8 und 3-9 der Faktor 1/V ist. Tatsächlich, die beiden Beziehungen führen zu ähnlichen Ergebnissen. Auf einem Arrhenius-Papier dargestellt, würde die Eyring-Beziehung (Formel 3-6) eine Form wie in der Abbildung 3-1 annehmen [ReliaSoft-13].

3.2.3 „Inverse Power Law" und exponentielles Modell für Spannung

Dieses Modell wird z.B. zur Bestimmung der Lebensdauer von Kondensatoren oder Isolierungen verwendet und hat die Form [NIST; Nel-04]:

$$t_f = \frac{A_0}{U^\beta}$$

mit

$t_f = Zeit \quad bis \; zum \; Ausfall$ [s]

$U = Spannung$ [V]

$A_0, \beta = produktspezifische\ Parameter$

Formel 3-10

Die Formel 3-10 stellt eine stark vereinfachte Form der generalisierten Eyring-Formel dar (Formel 3-4), mit $\alpha = E_a = C = 0$, $S = \ln(U)$, $\beta = -B$ [NIST].

In manchen Fällen kann die Abhängigkeit der Lebensdauer von der Spannung mit dem exponentiellen Modell besser dargestellt werden [NIST]:

$$t_f = A_0 \cdot e^{\beta U}$$

mit

$t_f = Zeit \quad bis \; zum \; Ausfall$ [s]

$U = Spannung$ [V]

$A_0, \beta = produktspezifische\ Parameter$

Formel 3-11

3.2.4 Temperatur-Spannung-Modelle

Auf Eyring-Beziehung basierende Modelle mit Temperatur und Spannung als Belastungsarten sind weit verbreitet. Sie finden Anwendung bei der Zuverlässigkeitsanalyse von [Nel-04]:

- Kondensatoren
- elektrischen Isolierungen (fest und flüssig)
- Kabel
- Elektromotoren
- Generatoren und weiteren elektrischen Komponenten.

Spannung geht dabei entweder direkt oder logarithmisch in die Beziehung ein [NIST; Nel-04; ReliaSoft-13]:

$$t_f = A_0 \cdot \exp\left(\frac{E_a}{kT} - BU\right)$$

Formel 3-5

bzw.

$$t_f = A_0 \cdot U^{-\beta} \cdot \exp\!\left(\frac{E_a}{kT}\right)$$

mit

$t_f = Zeit\ bis\ zum\ Ausfall$ [s]

$A_0, B, \beta = Modellparameter$ Formel 3-6

$k = Boltzmannkonstante$ $k = 8{,}617 \cdot 10^{-5}$ eV/K

$E_a = Aktivierungsenergie$ [eV]

$T = absolute\ Temperatur$ [K]

Die Formel 3-6 stellt gleichzeitig eine Kombination der Arrhenius- mit der IPL-Beziehung dar. ReliaSoft verwendet sie für Analyse der Belastungsvorgänge mit Temperatur und nicht nur Spannung, sondern auch mit Vibration und anderen nichtthermischen Belastungsarten.

In ReliaSoft-Schreibweise hat die Formel 3-6 folgende Form [ReliaSoft-13]:

$$L(U,V) = \frac{C}{U^n e^{-\frac{B}{V}}} = C U^{-n} e^{\frac{B}{V}}$$

mit

$L = Lebensdauer$ Formel 3-7

$B, C, n = Modellparameter$

$U = nichtthermische\ Belastung$

$V = Temperatur$ [K]

Die Beziehung aus Formel 3-7 kann durch Logarithmieren linearisiert werden [ReliaSoft-13]:

$$\ln(L(V,U)) = \ln(C) - n\ln(U) + \frac{B}{V} \qquad \text{Formel 3-8}$$

Die Lebensdauer ist in diesem Fall eine Funktion von zwei Belastungen, aus diesem Grund kann der Lebensdauer-Last-Plot nur dann gebildet werden, wenn eine Belastung konstant gehalten und die andere verändert wird. Wenn die nichtthermische Belastung konstant gehalten wird, nimmt die Formel 3-8 die Form einer Arrhenius-Beziehung ein [ReliaSoft-13]:

$$\ln(L(V)) = const + \frac{B}{V} \qquad \text{Formel 3-9}$$

Wenn dagegen die thermische Belastung konstant ist, hat die Beziehung aus der Formel 3-8 die Form einer IPL-Beziehung [ReliaSoft-13]:

$$\ln(L(U)) = const - n\ln(U) \qquad \text{Formel 3-10}$$

Abbildung 3.2 zeigt ein Beispiel solcher Darstellung [ReliaSoft-13]:

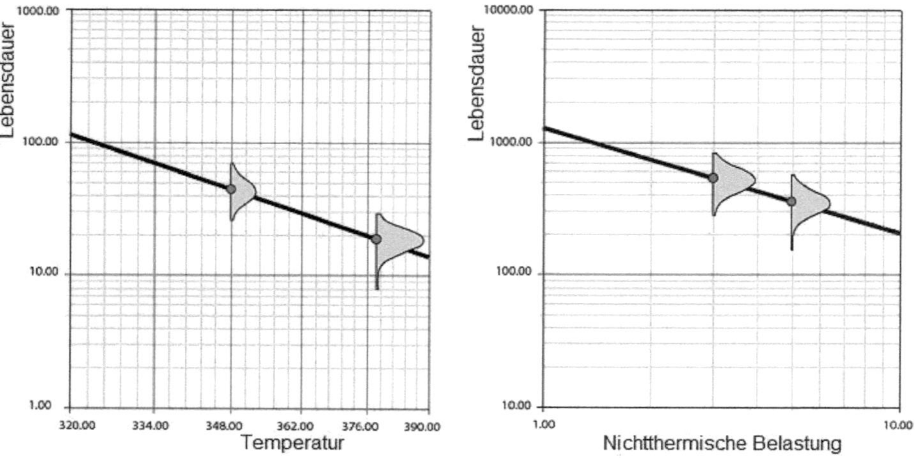

Abbildung 3.2: Abhängigkeit der Lebensdauer von Temperatur und einer nichtthermischen Belastung

3.2.5 Elektromigrationsmodell

Metallleiterbahnen in integrierten Schaltkreisen versagen oft aufgrund dort auftretender Elektromigration. Sie tritt in Erscheinung, wenn ein Leiter mit hoher Stromdichte belastet wird. Hohe Stromdichte begünstigt eine Wanderung der Metallatomen in einem Leiter, dadurch findet an einigen Stellen eine Materialabtragung und an den anderen Materialanhäufung statt, was schließlich zur Stromkreisunterbrechung bzw. zum Kurzschluss führt[Nel-04]. Dieser Effekt verstärkt sich mit erhöhter Temperatur und Stromdichte [NIST].

Die von Black vorgeschlagene Gleichung hat die Form [NIST; Nel-04]:

$$t_f = A_0 \cdot J^{-2} \cdot \exp\left(\frac{E_a}{kT}\right)$$

mit

$t_f = Zeit\ \ bis\ zum\ Ausfall$ [s]

$J = Stromdichte$ $\left[\dfrac{\mathrm{A}}{\mathrm{cm}^2}\right]$ Formel 3-11

$k = Boltzmannkonstante$ $k = 8{,}617 \cdot 10^{-5}$ eV/K

$E_a = Aktivierungsenergie$ [eV]

$T = absolute Temperatur$ [K]

Alternativ wurde von Shatzkes und Lloyd folgende Beziehung vorgeschlagen [Nel-04]:

$$t_f = A_0 \cdot \left(\frac{T}{J}\right)^2 \cdot \exp\left(\frac{E_a}{kT}\right)$$

mit

$t_f = Zeit\ bis\ zum\ Ausfall$ [s]

$J = Stromdichte$ $\left[\dfrac{A}{cm^2}\right]$ Formel 3-12

$k = Boltzmannkonstante$ $k = 8{,}617 \cdot 10^{-5}$ eV/K

$E_a = Aktivierungsenergie$ [eV]

$T = absolute Temperatur$ [K]

Typische Werte von E_a liegen zwischen 0,5 und 1,2 eV [NIST].

3.2.6 Temperatur-Feuchte-Modell

Im Luftraum ist nicht nur Luft, sondern auch Wasser in Form vom Wasserdampf enthalten. Auch für Maschinen und Werkzeuge ist diese Tatsache von großer Bedeutung, weil einige Ausfallmechanismen auf Korrosion und auf bestimmter chemischer Degradation basieren und haben somit die Feuchte als eine Belastungsart [Esc-06].

Da der Sättigungsdampfdruck temperaturabhängig ist, gibt es für eine bestimmte Menge Luft eine Höchstmenge Wasserdampf, welcher bei entsprechender Temperatur dort enthalten sein kann. Fast immer ist das Wasserdampf-Luft-Gemisch nicht mit Wasserdampf gesättigt. Wenn eine Sättigung eintritt, gleicht der Partialdruck vom Wasserdampf dem Sättigungsdampfdruck vom Wasser bei jeweiliger Temperatur [Dob-03].

Absolute Luftfeuchte φ ergibt sich zu:

$$\varphi = \frac{m_D}{V_L}$$

mit   Formel 3-13

$m_D = Masse\ vom\ Wasserdampf\ in\ der\ Luft$ [kg]

$V_L = Luftvolumen$ [m³]

Für Beschreibung der Belastungen mit Feuchte ist der Begriff der relativen Feuchte φ_{rel} wichtig:

$$\varphi_{rel} = \frac{m_D}{m_{max}} = \frac{p_D}{p_S}$$

mit

$m_D = Masse\ vom\ Wasserdampf\ in\ der\ Luft$ [kg]

$m_{max} = Masse\ vom\ Wasserdampf\ bei\ Sättigung$ [kg]   Formel 3-14

$p_D = Partialdruck\ vom\ Wasserdampf$ [Pa]

$p_S = Sättigungsdampfdruck\ vom\ Wasserdampf$ [Pa]

       $bei\ der\ gegebenen\ Temperatur$

Die relative Feuchte oder Sättigungsgrad zeigt, wie viel Masse vom Wasserdampf von der maximal möglichen Masse vom Wasserdampf in der Luft enthalten ist [Dob-03]. Je höher sie ist, desto mehr Wasser entsteht an den Oberflächen bzw. im Inneren der Maschinen und Werkzeuge bei sinkender Temperatur bzw. bei steigendem Luftdruck, was zu einer

Beeinträchtigung der Lebensdauer führen kann. Somit ist die relative Luftfeuchte als messbarer Belastungsparameter für die jeweilige Anwendung sehr gut geeignet.

Verschiedene Ausfallmodelle mit Feuchte als Belastungsparameter wurden ausgearbeitet, die meisten auf Grundlage von empirischen Untersuchungen, einige auf physikalischer Basis. Hervorgebracht wurden sie durch Bedenken über die Wirkung der Feuchtigkeit auf die Lebensdauer von elektronischen Geräten und Komponenten. Die meisten Modelle beschreiben die Feuchte in Verbindung mit Temperatur. In den meisten Modellen, wo die Feuchte als Belastungsparameter genutzt wird, führt die Erhöhung der Feuchte zur Verkürzung der Lebensdauer. Für Anwendungen, wo dagegen die Trocknung einen Ausfallmechanismus darstellt, kann eine künstliche Umgebung mit niedrigerer Feuchte zur Erhöhung der Belastung benutzt werden [Esc-06].

Peck (1986) hat folgende Beziehung vorgeschlagen [Nel-04; Pec-86]:

$$t_f = A_0 \cdot \varphi_{rel}{}^{-n} \cdot \exp\left(\frac{E_a}{kT}\right)$$

mit

$t_f = Zeit \quad bis\ zum\ Ausfall$ [s]

$k = Boltzmannkonstante$ $k = 8{,}617 \cdot 10^{-5}$ eV/K

$E_a = 0{,}79eV$ $Aktivierungsenergie$

$T = absolute Temperatur$ [K]

$A_0 = Materialkonstante$

$\varphi_{rel} = relative\ Feuchte$ [%]

$n \approx 2{,}7$

Formel 3-15

Intel (1988) benutzt eine andere Formel [Nel-04]:

$$t_f = A_0 \cdot \exp(-B \cdot \varphi_{rel}) \cdot \exp\left(\frac{E_a}{kT}\right)$$

mit

$t_f = Zeit \quad bis\ zum\ Ausfall$ [s]

$k = Boltzmannkonstante$ $k = 8{,}617 \cdot 10^{-5}$ eV/K

$E_a = Aktivierungsenergie$ [eV]

$T = absolute Temperatur$ [K]

$A_0, B = Materialkonstante$

$\varphi_{rel} = relative\ Feuchte$ [%]

Formel 3-16

ReliaSoft benutzt in seinen Softwarelösungen zur beschleunigten Lebensdauerprüfung folgenden Zusammenhang [ReliaSoft-13]:

$$L(V,U) = A\exp\left(\frac{\phi}{V} + \frac{b}{U}\right)$$

mit

L = Lebensdauer   Formel 3-17

A, b, ϕ = *Modellparameter*

V = Temperatur   [K]

U = relative Feuchte

Die Beziehung (Formel 3-17) kann mittels Logarithmieren beider Seiten linearisiert werden [ReliaSoft-13]:

$$\ln(L(V,U)) = \ln(A) + \frac{\phi}{V} + \frac{b}{U}$$ Formel 3-18

Da die Lebensdauer jetzt eine Funktion der zwei Belastungen ist, kann der Lebensdauer-Last-Plot nur dann gebildet werden, wenn eine Belastung konstant gehalten und die andere verändert wird. Die Abbildung 3.3 stellt ein Beispiel der Abhängigkeit der Lebensdauer von der Temperatur bei konstanter Feuchte (links) und die Abhängigkeit der Lebensdauer von der Feuchte bei konstanter Temperatur (rechts) dar [ReliaSoft-13]:

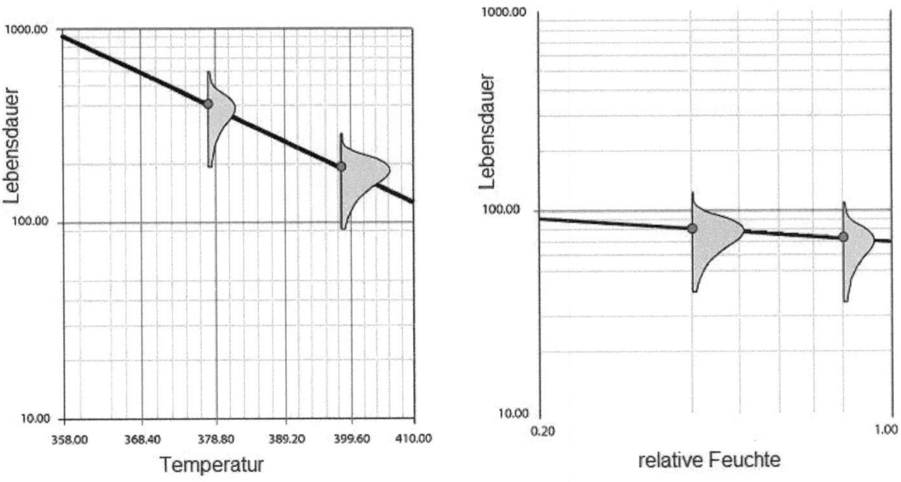

Abbildung 3.3: Abhängigkeit der Lebensdauer von Temperatur und Feuchte [ReliaSoft-13]

3.2.7 Three-Stress-Modell

Das z.B. für Untersuchung von Brennstoffzellen verwendete Three-Stress-Modell hat Temperatur, Feuchte und Spannung als Belastungsparameter [NIST]:

$$t_f = A_0 \cdot \varphi_{rel}^{-\beta} \cdot U^{-\gamma} \cdot \exp\left(\frac{E_a}{kT}\right)$$

mit

$t_f = Zeit\ bis\ zum\ Ausfall$ [s]

$k = Boltzmannkonstante$ $k = 8{,}617 \cdot 10^{-5}$ eV/K

$E_a = Aktivierungsenergie$ [eV]   Formel 3-19

$T = absolute Temperatur$ [K]

$A_0, \beta, \gamma = Modellparameter$

$\varphi_{rel} = relative\ Feuchte$ [%]

$U = Spannung$ [V]

Die generalisierte Eyring-Formel diente als Basis (vgl. Formel 3-4), dabei haben ihre Parameter folgende Werte [NIST]:

$C = E_a = \alpha = 0$

$S_1 = \ln(U)$, $S_2 = \ln(\varphi_{rel})$

$B = -\beta$, $D = -\gamma$

3.2.8 Modell für Bruch von Festkörper unter Zugbelastung

Zhurkov schlug 1965 eine Beziehung vor, die beschreibt, wie die Zeit bis zum Bruch eines Festkörpers von einer Zugbelastung S und Temperatur T abhängt [Nel-04]:

$$t_f = A_0 \cdot \exp\left[\frac{-B}{kT} - D\left(\frac{S}{kT}\right)\right]$$

mit

$t_f = Zeit\ bis\ zum\ Ausfall$ [s]

$k = Boltzmannkonstante$ $k = 8{,}617 \cdot 10^{-5}$ eV/K   Formel 3-20

$T = absolute Temperatur$ [K]

$A_0, B, D = Modellparameter$

$S = Zugbelastung$ [N]

Als Grundlage wurde hier die allgemeine Eyring-Formel benutzt (vgl. Formel 3-4) mit C=0 und negativem Vorzeichen für D.

Diese Beziehung (Formel 3-20) wird mit kinetischen Grundlagen der physikalischen Chemie begründet. B wird als Energie interpretiert, welche für den Bruch der Bindungen zwischen den Molekülen verantwortlich ist. D stellt ein Maß der Desorientierung in der molekularen Struktur dar [Nel-04].

3.2.9 Modell für Korrosion von Aluminium und Aluminiumlegierungen

Elektronische Komponenten aus Aluminium oder Aluminiumlegierungen mit kleinen Anteilen von Kupfer bzw. metallisierte Halbleiter können ein durch Korrosionsvorgänge verursachtes

Ausfallverhalten aufweisen. Solche Ausfälle können mit folgender Beziehung beschrieben werden [ReliaSoft-08]:

$$L(RH,V,T) = B_0 \exp[(-a)RH]f(V)\exp\left(\frac{E_a}{kT}\right)$$

mit

$L = Lebensdauer$

$B_0 = Skalierungsfaktor$

$RH = relative\ Feuchte \qquad [\%]$

$a\ \ hat\ Wert\ zwischen\ 0,1\ und\ 0,15\ pro\ \%\ der\ relativen\ Feuchte$ Formel 3-21

$f(V)\ ist\ eine\ unbekannte\ Funktion\ der\ Spannung\ mit$

$einem\ empirischen\ Wert\ zwischen\ 0,12\ und\ 0,15$

$k = Boltzmannkonstante \qquad k = 8{,}617 \cdot 10^{-5}\ eV/K$

$E_a = Aktivierungsenergie \qquad [eV]$

$T = absolute\ Temperatur \qquad [K]$

3.2.10   Modell für HCI-Effekt bei MOSFETs

Als „Hot Carrier Injection" (HCI) werden Vorgänge bezeichnet, welche manchmal bei Metall-Oxid-Halbleiter-Feldeffekttransistoren (MOSFETs) in Erscheinung treten. Dabei gewinnt ein Ladungsträger ausreichend Energie, um in die Isolierungsschichten der Elektroden einzudringen. Dadurch entstehen Schäden, welche die elektrischen Eigenschaften des Transistors dauerhaft verändern bzw. seine Funktion beeinträchtigen oder zum Ausfall führen [ReliaSoft-08].

Für n-Kanal-MOSFETS hat die vorgeschlagene Beziehung folgende Form [ReliaSoft-08]:

$$L(I,T) = B(I_{sub})^{-N}\exp\left(\frac{E_a}{kT}\right)$$

mit

$L = Lebensdauer$

$B = Skalierungsfaktor$

$I_{sub} = Spitzenwert\ von\ Substrat - Strom\ während\ Belastung$ Formel 3-22

$N\ hat\ Werte\ zwischen\ 2\ und\ 4,\ typischerweise\ 3$

$k = Boltzmannkonstante \qquad k = 8{,}617 \cdot 10^{-5}\ eV/K$

$E_a = Aktivierungsenergie \qquad [eV]$

$T = absolute\ Temperatur \qquad [K]$

Für p-Kanal-MOSFETs ist die Lebensdauer-Last-Beziehung gegeben durch [ReliaSoft-08]:

$$L(I,T) = B\left(I_{gate}\right)^{-M} \exp\left(\frac{E_a}{kT}\right)$$

mit

L = Lebensdauer

B = Skalierungsfaktor

I_{gate} *= Spitzenwert von Gate – Strom während Belastung*   Formel 3-23

M hat Werte zwischen 2 und 4

k = Boltzmannkonstante $k = 8{,}617 \cdot 10^{-5}$ eV/K

E_a *= Aktivierungsenergie*   [eV]

T = absoluteTemperatur   [K]

3.3 Inverse Power Law - Beziehungen

Die „Inverse Power Law" (IPL) oder „Power Law" – Beziehung wird oft zur Beschreibung der Lebensdauer in Abhängigkeit von einem nichtthermischen Belastungsparameter verwendet.

Anwendungsgebiete sind vielfältig, z.B.:

- Elektrische Isolierungen und Dielektrika in Spannungsdauertests
- Wälzlager
- Glühlampen und Blitzlampen
- Materialermüdung, verursacht durch mechanische Belastungen

In den meisten Fällen basiert die Beziehung nicht auf Theorie, sondern auf empirischen Untersuchungen [Nel-04; Esc-06].

3.3.1 Allgemeine Form

Vorausgesetzt, die Belastungsvariable V ist positiv. Die IPL-Beziehung zwischen der „nominellen" Lebensdauer t_f vom Produkt und der Belastung V ergibt sich zu:

$$t_f = \frac{A_0}{V^{\gamma}}$$ Formel 3-24

A_0 und γ sind produktspezifische Parameter, abhängig von geometrischen Eigenschaften, Herstellungsart, Testmethode etc. [Nel-04].

ReliaSoft verwendet für IPL folgende Beziehung [ReliaSoft-13]:

$$L(V) = \frac{1}{KV^n}$$

mit

L = Lebensdauer   Formel 3-25

V = Belastungsvariable

n, K = Modellparameter

In einer logarithmischen Darstellung erscheint IPL als eine Gerade mit der Steigung n. Die Geradengleichung ist gegeben durch:

$$\ln(L) = -\ln(K) - n\ln(V)$$ Formel 3-26

Abbildung 3.4 zeigt ein Beispiel einer IPL-Beziehung in logarithmischer Darstellung:

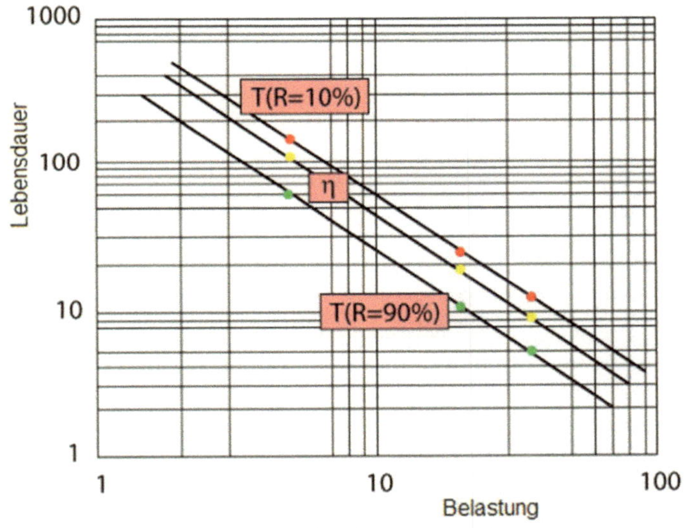

Abbildung 3.4: IPL [ReliaSoft-13]

Durch den Parameter n wird die Wirkung der Belastung auf die Lebensdauer bestimmt. Positive Werte von n zeigen auf eine starke Einwirkung der Belastung auf die Lebensdauer, negative deuten dagegen auf eine steigende Lebensdauer bei zunehmender Belastung (Abbildung 3.5). Werte von n nahe bzw. gleich Null bedeuten, dass die betrachtete Belastung nur geringe bzw. keine Einwirkung auf die Lebensdauer hat [ReliaSoft-13]:

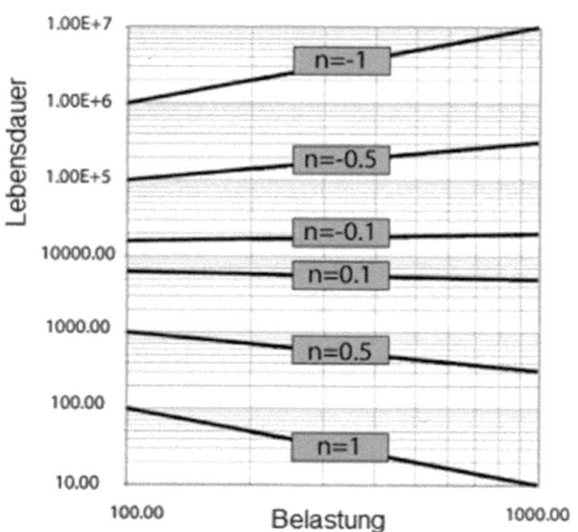

Abbildung 3.5: Parameter n und seine Wirkung auf die Lebensdauer

3.3.2 Modell für Lebensdauer von Wälzlager

Die Lebensdauer eines Wälzlagers hängt von der Belastung, Betriebsbedingungen und der statistischen Zufälligkeit des Eintritts des ersten Schadens ab. Große Mengen gleicher Lager wurden unter gleichen Prüfbedingungen untersucht, was zum Ergebnis führte, dass die Laufzeiten bis zum Auftreten erster Ermüdungserscheinungen weit gestreut waren. Aus diesem Grund sind nur Aussagen über eine Wahrscheinlichkeit über die Laufzeit eines Lagerkollektivs möglich [Muh-07].

Eine nominelle Lebensdauer L_{10} bzw. L_{10h} ist die Anzahl in Millionen Umdrehungen bzw. Stunden, die 90% einer größeren Menge gleicher Lager erreichen [DIN ISO 281].

Sie errechnet sich zu:

$$L_{10} = \left(\frac{C}{P}\right)^p \quad \text{bzw.} \quad L_{10h} = \frac{10^6 \cdot L_{10}}{60 \cdot n}$$

mit

L_{10} = *nominelle Lebensdauer in 10^6 Umdrehungen*

bei 10% Ausfallwahrscheinlichkeit

L_{10h} = *nominelle Lebensdauer in Stunden*　　　　　　　　　　Formel 3-27

bei 10% Ausfallwahrscheinlichkeit

C = *dynamische Tragzahl*　　　　　　　　　[N]

P = *dynamisch äquivalente Lagerbelastung*　　[N]

p = *Lebensdauerexponent : Kugellager $p = 3$; Rollenlager $p = 10/3$*

n = *Drehzahl des Lagers*

Dynamische Tragzahl C ist die Last, konstant in Größe und Richtung, die ein Wälzlager theoretisch für eine nominelle Lebensdauer von 10^6 Umdrehungen aufnehmen kann [DIN ISO 281].

Dynamisch äquivalente Lagerbelastung P ist die Last, konstant in Größe und Richtung, unter deren Einfluss ein Wälzlager die gleiche Lebensdauer erreichen würde wie unter den tatsächlichen Lastverhältnissen [DIN ISO 281].

Die Formel 3-17 wurde erstmals 1924 von Palmgren vorgeschlagen.

3.3.3 Coffin-Manson-Modell

Bestimmte Ausfallmechanismen basieren auf zyklischen Änderungen der Temperatur. Zyklische Temperaturänderungen verursachen Wärmeausdehnung bzw. Wärmeschrumpfung, was zu einer Ermüdung, Deformation oder Rissbildung bzw. Versagen des Bauteils führen kann.

Zu solchen Ausfallmechanismen zählen z.B.:

- Ein-/Ausschaltvorgänge elektronischer Bauteile können Komponenten und Lötstellen beschädigen

- erhöhte Wärme, die beim Abheben in einem Strahltriebwerk entsteht, kann eine Rissbildung bzw. eine Rissausbreitung in Komponenten des Triebwerks verursachen

- häufiges Hoch- und Runterfahren bzw. Lastwechsel bei Atomkraftwerken kann zur Materialermüdung und Rissbildung in Wärmetauschern und Turbinenkomponenten führen [Esc-06]

Diese Modelle ermöglichen, die Amplitude oder die Frequenz der zyklischen Belastung als Belastungsparameter zu betrachten.

Die am häufigsten benutzte Form stellt die Coffin-Manson Beziehung dar [Nel-04]:

$$N = \frac{A_0}{\Delta T^B}$$

mit

$A_0 = Materialkonstante$ Formel 3-28

$B\ = Materialkonstante$

$N = Anzahl\ der\ Lastwechsel\ bis\ zum\ Bruch$

$\Delta T = Temperaturbandbreite\ \ [\mathrm{K}]$

Ursprünglich wurde diese Beziehung zur Beschreibung der Wirkung von Temperaturschwankungen auf Lebensdauer von Triebwerkskomponenten bei Düsenflugzeugen als empirisches Modell entwickelt [Esc-06]. Später wurde es unter anderem auf Lötverbindungen sowie auf Kunststoffgehäuse der elektronischen Komponenten angewandt. Es wird angenommen, für einige Metalle ist $B \approx 2$, für Kunststoffe $B \approx 5$ [Nel-04].

3.3.4 Modifiziertes Coffin-Manson-Modell

Empirische Untersuchungen zeigten, dass die Wirkung von Temperaturschwankungen stark von der maximalen Temperatur abhängen kann, besonders, wenn sie mehr als das 0,2- oder 0,3-

Fache der Schmelztemperatur erreicht. Auch die Frequenz der Temperaturschwankungen kann die Anzahl der Lastwechsel bis zum Bruch beeinflussen [Esc-06]. Dabei ist zu beachten, dass eine Reduzierung der Frequenz zu einer Reduzierung der Zyklen bis zum Bruch führt [NIST; Esc-06]. Das Modell, welches diese Faktoren berücksichtigt, wird (modifiziertes) Coffin-Manson-Modell genannt [NIST]:

$$N = \frac{A_0}{\Delta T^B} \cdot \frac{1}{f^\alpha} \cdot \exp\left(\frac{E_a}{kT_{max}}\right)$$

mit

$N = Anzahl\ der\ Lastwechsel\ bis\ zum\ Bruch$

$A_0 = Materialkonstante$

$B \approx 2$

$\alpha \approx -\dfrac{1}{3}$

$\Delta T = Temperaturbandbreite$ [K]

$f = Lastwechselfrequenz$ [Hz]

$k = Boltzmannkonstante \qquad k = 8{,}617 \cdot 10^{-5}$ eV/K

$E_a = 1{,}25\,eV,\ Aktivierungsenergie$

$T_{max} = maximal\ erreichbare\ Temperatur$ [K]
$\qquad während\ eines\ Zyklus$

Formel 3-29

Dieses Modell wurde erfolgreich eingesetzt, um Prozesse der Rissbildung und Risswachstums in Lötverbindungen und anderen Metallkomponenten zu beschreiben, welche durch wiederholte Temperaturschwankungen bei Ein- und Ausschaltvorgängen verursacht wurden [NIST; Esc-06].

Wie bei den anderen Modellen, ist auch hier eine große Vorsicht geboten, wenn dieses Modell außerhalb der bereits verfügbaren Daten und Erfahrungswerten angewendet wird [Esc-06].

3.4 Modelle für multi- und zeitvariable Belastungen

Bei den meisten praktischen Anwendungen ist die Lebensdauer von mehr als einer oder zwei Belastungsarten abhängig. Außerdem, in vielen Fällen ist die Lebensdauerfunktion nicht nur von den Belastungen, sondern auch von anderen technischen Variablen abhängig bzw. die Belastungen sind zeitvariant. Für solche Problemstellungen existieren mehrere Modelle, zu den bekanntesten zählen Proportional-Hazard-Modell, General-Log-Linear-Modell und Cumulative-Damage-Modell.

3.4.1 Proportional-Hazard-Modell

Proportional-Hazard-Modell (PHM) wurde ursprünglich von D.R. Cox entwickelt und beschreibt, wie die verschiedenen gleichzeitig auftretenden Belastungen die Ausfallraten beeinflussen. Das PHM wird im medizinischen Bereich zur Analyse der Überlebensdaten der Patienten angewendet, findet aber in der Zuverlässigkeitstechnik immer mehr Anklang. In seiner ursprünglichen Form ist das Modell nichtparametrisch, d.h. es werden keine Annahmen über die Art oder die Form der zugrundeliegenden Ausfallverteilung gemacht. Die einzige Bedingung des PHM ist, dass die Ausfallraten der Komponenten unter unterschiedlichen Belastungen proportional zueinander sind [Cox-84; Dal-85; Nig-10; ReliaSoft-13]. Nach PHM ist die Ausfallrate λ in Abhängigkeit von n Belastungen durch folgende Gleichung gegeben [ReliaSoft-13]:

$$\lambda(t,\underline{X}) = \lambda_0(t) \cdot \exp\left(\sum_{j=1}^{m} a_j x_j \right)$$

mit

$\lambda = Ausfallrate$

$a_j = Modellparameter$

$x_j = Belastung\ j$

$\underline{X} = Lastvektor$

Formel 3-30

Unter Annahme, dass die Ausfalldaten weibullverteilt sind, ist es möglich, das PHM parametrisch zu formulieren [ReliaSoft-13]:

$$\lambda(t) = \frac{\beta}{\eta} \cdot \left(\frac{t}{\eta} \right)^{\beta-1} \cdot \exp\left(\sum_{j=1}^{m} a_j x_j \right)$$

mit

$\lambda = Ausfallrate$

$a_j = Modellparameter$

$x_j = Belastung$

$\beta = Formparameter$

$\eta = Lageparameter$

Formel 3-31

Mit Beziehung dieser Form ist es möglich, das Ausfallverhalten zu untersuchen, welches von bis zu acht gleichzeitig auftretenden Belastungen verursacht wird [ReliaSoft-13].

3.4.2 General-Log-Linear-Modell

Einen für multivariable Problemstellungen geeigneten, allgemeinen Ansatz stellt das General-Log-Linear-Modell (GLL) dar. Mit dem GLL-Modell ist es möglich, verschiedene Belastungen miteinander zu kombinieren.

Nach GLL-Modell berechnet sich die Lebensdauer L in Abhängigkeit von einem Belastungsvektor $\underline{X}$ mit n verschiedenen einzelnen Belastungen zu [ReliaSoft-13]:

$$L(\underline{X}) = \exp\left(\alpha_0 + \sum_{j=1}^{m} \alpha_j \cdot X_j \right)$$

mit

$L = Lebensdauer$

$\alpha_0, \alpha_j = Modellparameter$

$\underline{X} = X_1, X_2,...X_n - Belastungsvektor\ von\ n\ Belastungen$

Formel 3-32

3.4.3 Step-Stress-Methode, Cumulative-Damage-Modell

Die sogenannte „Step-Stress-Methode" zur beschleunigten Lebensdauerprüfung wurde 1980 von Nelson [Nel-04] vorgeschlagen. Dabei wird die Belastung nach jedem Ausfall erhöht, die

Testzeit wird verkürzt. Der Ausfallmechanismus darf sich nicht ändern, damit die Steigung der Weibullgeraden erhalten bleibt. Die gewonnenen Daten werden ausgewertet und es wird auf die Ausgangsverteilung zurückgerechnet. Die Step-Stress-Methode ist nicht so sicher wie die konventionellen Lebensdauertests, bringt aber signifikante Zeitvorteile bei der Lebensdaueranalyse [Ber-04; ReliaSoft-13]. Das Prinzip ist in der Abbildung 3.6 dargestellt [Ber-04]:

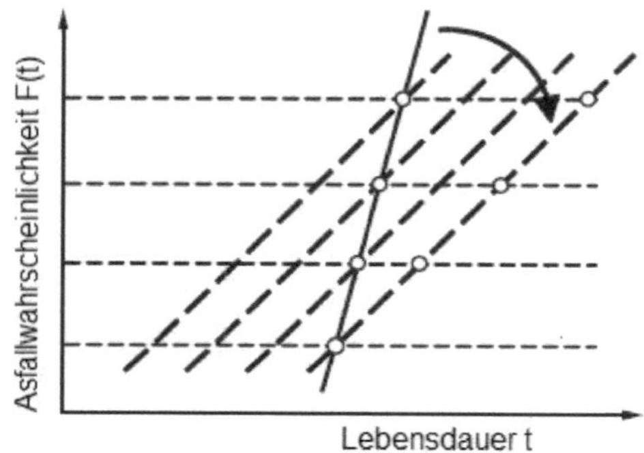

Abbildung 3.6: Prinzip der Step-Stress-Methode im Weibullnetz [Ber-04]

Bei der Untersuchung des Ausfallverhaltens, welches von zeitveränderlichen Belastungen beeinflusst wird, muss die kumulative Wirkung dieser Belastungen berücksichtigt werden [ReliaSoft-13]. Das Cumulative-Damage-Modell (CDM) beschreibt das Ausfallverhalten bei unterschiedlichen Belastungsstufen, dabei werden die Belastungsschwankungen akkumuliert [Nig-10; ReliaSoft-13]. Abbildung 3.7 zeigt ein Beispiel der Ausfallverteilung in Abhängigkeit einer Belastungsstufe $F(S_1, t_1)$ mit der der nächsten Belastungsstufe $F(S_2, t_2)$ [ReliaSoft-13]:

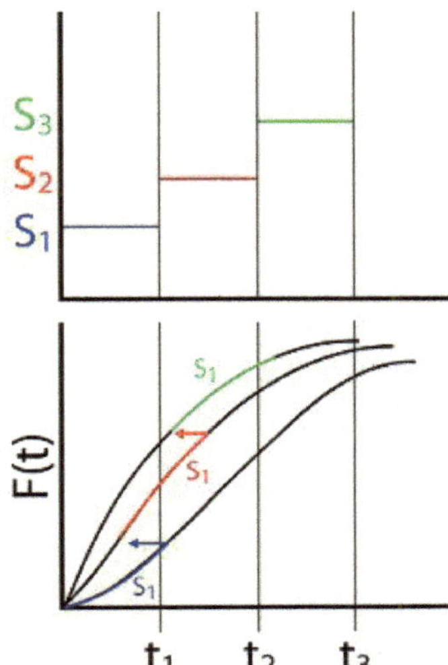

Abbildung 3.7: Belastungsstufen und Ausfallverteilungsfunktionen [ReliaSoft-13]

3.5 Taylor-Werkzeuglebensdauermodell

F.W. Taylor (1856-1915) gehört zu den bedeutendsten Persönlichkeiten, welche die Entwicklung industrieller Produktion geprägt haben. Als Ingenieur, Erfinder und Vordenker trug er sehr viel dazu bei, was die moderne Industrie heutzutage ausmacht. Einer der Gebiete, welchen seine besondere Aufmerksamkeit galt, war die spanende Bearbeitung der Metalle. Während seiner beruflichen Laufbahn war er unter anderem bei Midvale Steel Company beschäftigt, einem Unternehmen, welches neben der Stahlproduktion auch spanende Bearbeitung mit Hobelmaschinen, Drehbänken und Bohrwerken betrieb. Zu den Produkten zählten u.a. Eisenbahnräder, Radreifen und Achsen für Dampflokomotiven und Waggons [Heb-99; Tay-16].

Die Arbeiter an den Drehbänken hatten einen bestimmten Tagessatz an Produkten, z.B. Achsen zu bearbeiten, diese Vorgabe wurde ziemlich willkürlich festgelegt und hatte nichts mit der Leistung der betreffenden Maschine bzw. Werkzeuge zu tun. So kam es häufig vor, dass einige Arbeiter schneller mit der Bearbeitung eines jeden Teils fertig wurden als die anderen. Das lag einerseits daran, dass sie geschickter waren bzw. mehr Erfahrung hatten, andererseits war eine günstige Einstellung der Schnittgeschwindigkeit und des Vorschubs für schnelle Bearbeitung verantwortlich. Hohe Schnittgeschwindigkeit bzw. großer Vorschub ermöglichen zwar eine schnelle Bearbeitung, verkürzen aber sehr stark die Lebensdauer der Schneidewerkzeuge und erhöhen die Ausfallzeiten der Maschinen. Langsame Bearbeitung dagegen, obwohl schonend zu Werkzeugen, wird unwirtschaftlich, da deutlich mehr Zeit für Bearbeitung eines Werkstücks beansprucht wird. So war es fast eine Sache des Zufalls, eine richtige Kombination der Schnittgeschwindigkeit mit dem Vorschub zu finden, um eine schnelle Bearbeitung und gleichzeitig hohe Lebensdauer der Werkzeuge zu gewährleisten [Heb-99].

Taylor war einer der ersten, der versuchte, mit systematischen Messungen und umfangreichen Messserien die Lösung dieses Problems zu finden [Heb-99].

In der spanenden Bearbeitung gibt es viele Parameter, die zu berücksichtigen sind, z.B. die Form der Werkzeuge, die Schnittwinkel oder chemische Zusammensetzung des zu bearbeitenden Metalls. Aus diesem Grund dauerten die Untersuchungen und Messserien Taylors mehr als 26 Jahre und umfassten zwischen 30000 und 50000 Experimente. Es wurden zehn verschiedene Maschinen eingesetzt und insgesamt mehr als 400t Stahl verbraucht [Heb-99; Tay-16]. Ergebnis dieser sehr umfangreichen Versuchsreihe waren die Regeln der Spanbearbeitung, die bis heute gelten.

3.5.1 Allgemeine Form

In der spanenden Industrie wird anstelle der Lebensdauer der Begriff der Standzeit verwendet. Als **Standzeit T** wird die Zeit in Minuten bezeichnet, in der ein Schneidewerkzeug zwischen zwei Anschliffen arbeitsfähig bleibt. Eine Schneide bleibt arbeitsfähig, bis eine Verschleißgröße erreicht wird [Tsc-08].

Beim Bohren und Fräsen wird statt der Standzeit von der Standlänge gesprochen. Als **Standlänge L** wird die Summe der Bohrtiefen bzw. der Bearbeitungslängen beim Fräsen bezeichnet, die ein Werkzeug zwischen zwei Anschliffen bearbeiten kann [Tsc-08].

Die Standzeit T und die Standlänge L hängen von vielen Faktoren ab. Zu ihnen gehören:

- Werkstückwerkstoff
- Schneidstoff
- Schneidenform
- Oberfläche
- Steife
- Spanquerschnitt
- Kühlschmiermittel
- Vorschub
- Schnitttiefe

Die Schnittgeschwindigkeit übt den größten Einfluss auf die Standzeit aus [Tsc-08].

Taylor hat bereits 1907 folgende Beziehung vorgeschlagen [Sch-02; Tay-16]:

$$v_c = C_T \cdot T^{1/k} \quad bzw. \quad T = C_v \cdot v_c^k$$

mit

$v_c = Schnittgeschwindigkeit$

$T = Standzeit$

$C_T = Schnittgeschwindigkeit\ bei\ T = 1\ min$

$C_v = Standzeit\ T\ bei\ Schnittgeschwindigkeit\ v_c = 1\ m/min$

$k = materialabhängiges\ Koeffizient$

Formel 3-33

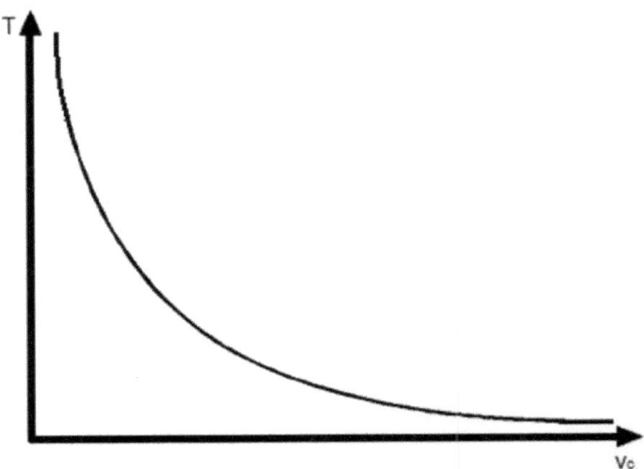

Abbildung 3.8: Standzeit T in Abhängigkeit von der Schnittgeschwindigkeit v_c

Wie aus der Abbildung 3.8 ersichtlich ist, fällt die Standzeit mit zunehmender Schnittgeschwindigkeit stark ab.

In der Praxis wird eine T-v_c-Gerade (Taylor-Gerade) mit der Steigung k verwendet, eine doppellogarithmische Darstellung der Standzeitkurve. Aus dieser Geraden ist für eine gegebene Schnittgeschwindigkeit die entsprechende Standzeit ablesbar.

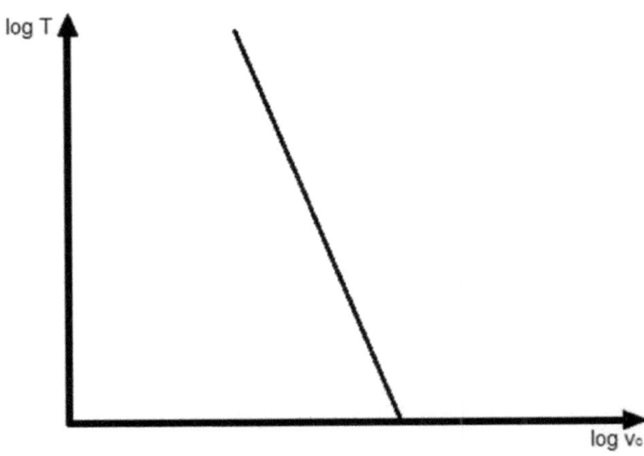

Abbildung 3.9: Taylor-Gerade

Die Gerade hat eine negative Steigung, da die Standzeit mit der steigenden Schnittgeschwindigkeit sinkt. Für Koeffizienten k existieren zahlreiche Tabellen, um die entsprechende Taylor-Gerade zu ermitteln, z.B.:

Tabelle 3-1: Koeffizienten für die Taylor-Gerade [Tön-04]

Werkstück-Werkstoff	Schneidstoffe					
	unbeschichtetes Hartmetall		beschichtetes Hartmetall		Oxidkeramik Nitridkeramik	
	C_T, m/min	k	C_T, m/min	k	C_T, m/min	k
St 50-2	299	-3,85	385	-4,55	1210	-2,27
St 70-2	226	-4,55	306	-5,26	1040	-2,27
Ck 45 N	299	-3,85	385	-4,55	1210	-2,27
16 MnCr S5 BG	478	-3,13	588	-3,57	1780	-2,13
20 MnCr 5BG	478	-3,13	588	-3,57	1780	-2,13
42 CrMo S 4 V	177	-5,26	234	-6,25	830	-2,44
X 155 Cr V Mo V 5 1 G	110	-7,69	163	-8,33	570	-2,63
X 40 CrMo V 5 1 G	177	-5,26	234	-6,25	830	-2,44
GG-30	97	-6,25	184	-6,25	2120	-2,50
GG-30	53	-10,0	102	-10,0	1275	-2,78

Wenn keine Tabelle zur Verfügung steht, ist es möglich, den Koeffizienten k durch Versuche zu ermitteln. Dazu wird Standzeit T_1 bei einer Schnittgeschwindigkeit v_{c1} bis zum Erreichen eines vorgegebenen Standkriteriums gemessen, dann die Standzeit T_2 bei einer Schnittgeschwindigkeit v_{c2}. Die ermittelten Werte werden in ein doppellogarithmisches Diagramm eingetragen, eine Taylor-Gerade wird gebildet und die Steigung k abgelesen [Sch-02]:

Wenn eine Standzeit T_1 für eine Schnittgeschwindigkeit v_{c1} bekannt ist, ist es möglich, eine Standzeit T_2 für eine Schnittgeschwindigkeit v_{c2} zu berechnen:

$$T_1 = C_v \cdot v_{c1}^k$$
$$T_2 = C_v \cdot v_{c2}^k$$

Formel 3-34

Mit Division und Auflösen nach T_2 ergibt sich:

$$T_2 = T_1 \cdot \left[\frac{v_{c2}}{v_{c1}} \right]^k$$

Formel 3-35

Zu den Vorteilen der Taylor-Beziehung zählen eine leichte Anwendbarkeit sowie eine Möglichkeit, den Koeffizienten k mit geringem Aufwand zu ermitteln.

Als Nachteil erweist sich der begrenzte Bereich der Schnittgeschwindigkeit, welche außerdem als einziger Belastungsparameter für die Lebensdauer des Schneidewerkzeugs betrachtet wird. Auch weitere Parameter wie Vorschub und Schnitttiefe bleiben unberücksichtigt [Sch-02].

3.5.2 Erweiterte allgemeine Form

Die Taylor-Funktion aus Formel 3-33 wird einfache Standzeitfunktion genannt.

Es ist auch eine erweiterte Form von ihr bekannt, welche dann neben der Schnittgeschwindigkeit die Einflüsse des Vorschubes und der Schnitttiefe berücksichtigt [Klo-08]:

$$T = C \cdot v_c^k \cdot f_z^{k_{fz}} \cdot a_p^{k_a}$$

mit

$T = Standzeit$ [min]

$v_c = Schnittgeschwindigkeit$ [m/min]

$f_z = Vorschub$ [mm]

$a_p = Schnitttiefe$ [mm]

$k, k_{fz}, k_a = materialabhängige\ Koeffizienten$

Formel 3-36

Die Koeffizienten k, k_{fz}, k_a werden in Richtwerttabellen der Metallhersteller angegeben.

3.5.3 Erweiterte Form mit Berücksichtigung der Werkstoffhärte

Von einer Reihe von Forschern wurde eine erweiterte Taylor-Beziehung vorgeschlagen, welche neben Vorschub und Schnitttiefe auch die Härte des Werkstoffs berücksichtigt [Wan-86]:

$$v_c = \frac{C}{T^m f_z^y a_p^x \left(\dfrac{HBW}{200} \right)^n}$$

mit

$T = Standzeit$ [min]

$v_c = Schnittgeschwindigkeit$ [m/min]

$f_z = Vorschub$ [mm]

$a_p = Schnitttiefe$ [mm]

$HBW = Brinellhärte$

Formel 3-37

Die Beziehung (Formel 3-37) ist geeignet für Standzeiten im Bereich von 10 bis 60 Minuten [Wan-86]

3.5.4 Abhängigkeit der Taylor-Konstante von der Geometrie des Schneidewerkzeugs

Die Wichtigkeit der Taylor-Formel (VT^n=C) für die Bestimmung der Wirtschaftlichkeit in der spanenden Verarbeitung ist unbestritten. Der Exponent n sowie die Konstante C sind die Hauptparameter, durch welche die Schnittgeschwindigkeit bzw. die Wirtschaftlichkeit der spanenden Verarbeitung von dem Werkzeugwerkstoff und geometrischen Eigenschaften des Werkzeugs beeinflusst werden. Literaturrecherche zeigte, dass die Parameter n und C meistens empirisch bestimmt wurden, was immer mit einem sehr großen technischen und wirtschaftlichen Aufwand verbunden war [Lau-80]. Es wurde versucht, das vorhandene Wissen mit einer mathematischen Beziehung in Einklang zu bringen. Untersuchungen und weitere Experimente zeigten, dass die Abhängigkeit des Parameters C von den geometrischen Eigenschaften des Schneidewerkzeugs folgende Form hat [Lau-80]:

$$C \sim \left[(\cot\alpha - \tan\gamma)(1 - m\gamma)^{1/n} \varepsilon \right]^{-n}$$

mit

$\alpha = Freiwinkel\ der\ Schneide$ [°]

$\gamma = Spanwinkel\ der\ Schneide$ [°]

Formel 3-38

Koeffizient n hat Werte zwischen 0,18 und 0,41.

Koeffizient ε – zwischen 0,15 und 0,38.

Koeffizient m liegt bei [Lau-80]:

- 0,01 (niedrige Schnittgeschwindigkeiten, kleine Spanwinkel, Trockenbearbeitung)
- 0,003 (hohe Schnittgeschwindigkeiten, große Spanwinkel, Trockenbearbeitung)
- 0,002 bei KSS-Bearbeitung

Die Werte wurden mit Orthogonaldrehen von Werkstücken aus Baustahl mit HS-Schneiden im Temperaturbereich zwischen 220°C und 650°C (an der Schneidkante) ermittelt [Lau-80].

Tabelle 3-2: Bearbeitungsparameter

Testserie	1.1	1.2	2.1	2.2	3.1	3.2
Spanwinkel	5°	-10°, 0, 10°	10°	0°, 5°, 15°	10°	-10°, -5°, 0, 5°, 15°
Freiwinkel	2°-20° in 3°-Schritten	5°	2°-20° in 3°-Schritten	5°	2°-20° in 3°-Schritten	5°
KSS	Luft	Luft	Luft	Luft	Shell Dromus B	Shell Dromus B
Schnitt-geschw., m/min	24 - 41,5	24 - 41,5	55,5-178,6	55,5-178,6	55,5-178,6	55,5-178,6

3.5.5 Weitere auf Taylor-Formel basierende Werkzeuglebensdauermodelle

Die Abnutzung bzw. die Lebensdauer der Schneidewerkzeige wird von unterschiedlichen mechanischen, chemischen, thermischen und elektrischen Prozessen beeinflusst. Eine Veränderung der Bearbeitungsbedingungen hat eine Veränderung der mechanischen und thermischen Belastung zur Folge, was mathematisch sehr schwierig zu handhaben ist. Im Laufe der Jahre wurden mehrere von der einfachen Taylor-Beziehung abgeleitete Beziehungen vorgeschlagen, um unterschiedliche Randbedingungen zu berücksichtigen [Mam-05]:

$$Taylor: \quad T = \frac{C_{T_1}}{v_c^{C_{T_2}}} \qquad\qquad Safonov: \quad T = \frac{C_{T_1}}{C_{T_2}^{C_{T_3} \cdot v_c}} \qquad\qquad Temchin: \quad T = \frac{C_{T_1}}{v_c^{C_{T_2}} + C_{T_3}}$$

$Wu:$

$$T = \frac{C_{T_1}}{v_c^{C_{T_2}+C_{T_3}\cdot v_c}}$$

$Kronenberg:$

$$T = \frac{C_{T_1}}{\left(v_c + C_{T_2}\right)^{C_{T_3}}}$$

$Metchisen:$

$$T = \frac{v_c}{C_{T_1}\cdot v_c^2 + C_{T_2}\cdot v_c + C_{T_3}}$$

$Bali:$

$$T = \frac{C_{T_1}\cdot v_c}{v_c^{C_{T_3}} + C_{T_1}}$$

$König - Depiéreaux:$

$$T = C_{T_1}^{C_{T_2}\cdot v_c^{C_{T_3}}}$$

$Granovski:$

$$T = C_{T_1}\cdot v_c^{C_{T_2}} \cdot C_{T_3}^{C_{T_4}\cdot v_c}$$

mit

$T = Standzeit$

$v_c = Schnittgeschwindigkeit$

$C_{T_1}, C_{T_2}, C_{T_3}, C_{T_4} = von\ Bearbeitungsbedingungen\ abhängige\ Parameter$

Die Parameter C in den Gleichungen wurden meistens für bestimmte Schnitttiefen und Vorschubwerte bestimmt und es wäre sehr kompliziert, sie für andere Werte zu bestimmen [Mam-05].

3.6 Abhängigkeit der Werkzeuglebensdauer von Temperatur

Die Abhängigkeit der Standzeit bzw. der Lebensdauer der Schneidewerkzeuge von der Temperatur an der Wirkstelle zwischen Werkzeug und Werkstück wurde schon früh erkannt und weitgehend untersucht. Es wurde folgende Beziehung vorgeschlagen [Mar-08]:

$$\theta \cdot T^n = C$$

mit

$\theta = Temperatur\ an\ der\ Wirkstelle\ [K]$

$T = Standzeit\quad [\text{min}]$

Formel 3-39

Parameter C ist experimentell zu bestimmen, Exponent n hat Werte zwischen 0,01 und 0,03 [Mar-08].

3.7 Werkzeuglebensdauermodelle bei Trockenbearbeitung und Minimalmengenschmierung

Technologischer Fortschritt in der spanenden Bearbeitung liefert immer mehr neue Ansätze zur Lösung produktionstechnischer Aufgaben. Neuartige, leistungsfähige Werkstoffe und Werkzeuge werden entwickelt, um den wachsenden Anforderungen an die Produktionstechnik gerecht zu werden. Auf der anderen Seite, zwingen der Trend zur Nachhaltigkeit in Produktion sowie schärfere Arbeitsschutz- und Umweltschutzrichtlinien die Industrie zur Suche nach Alternativen zu konventionellen Bearbeitungsmethoden. Einer der Hauptkritikpunkte an die spanende

Industrie seitens der Umweltschutzorganisationen ist der Einsatz der Kühlschmierstoffe bei der spanenden Bearbeitung. Kühlschmierstoffe (KSS) gewährleisten Wärmeabfuhr und verringern die bei dem Bearbeitungsvorgang entstehende Reibung. Oft werden die entstehenden Späne durch KSS abgespült. Es gibt wassermischbare und nichtwassermischbare KSS, viele von ihnen sind sehr toxisch.

Der weltweite Verbrauch von KSS lag 1998 bei ca. 2400000 m³/Jahr, allein in USA betrug er ca. 380000 m³/Jahr. Es wird geschätzt, dass 52% vom Gesamtverbrauch von KSS durch die spanende Industrie beansprucht wird [Mar-08].

Die Verwendung von KSS hat zum Vorteil niedrigere Bearbeitungstemperatur und somit höhere Schnittgeschwindigkeit bzw. kürzere Bearbeitungsdauer und höhere Lebensdauer der Schneidewerkzeuge. Es gibt aber signifikante Nachteile. Kosten, welche bei Produktion durch Einsatz von KSS tatsächlich anfallen, werden oft unterschätzt oder sind nicht genau bekannt. Mehraufwand, der durch Verwendung von KSS entsteht, hat mehrere Bestandteile, z.B.:

- Einkauf und Lagerung von KSS

- Instandhaltung von KSS-Systemen

- Pflege von KSS-Systemen

- Entsorgung von KSS

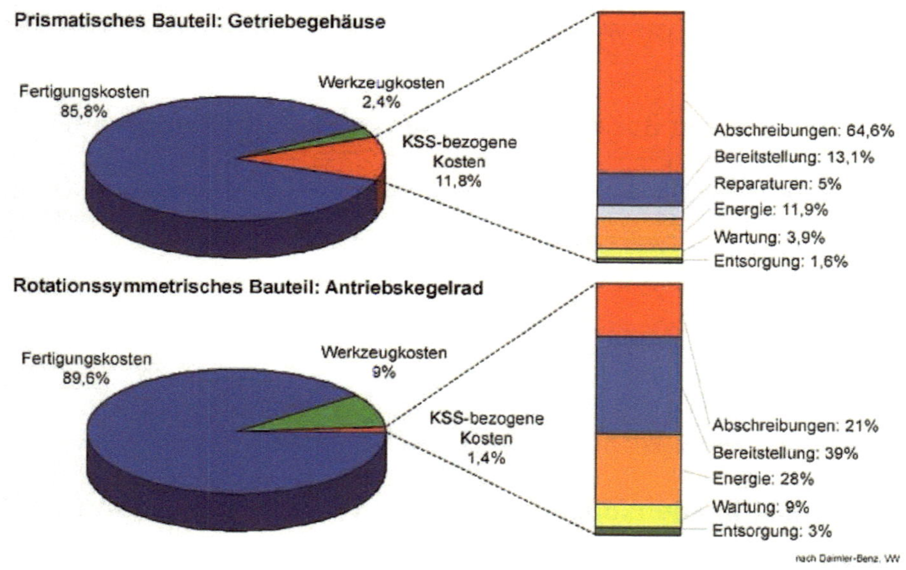

Abbildung 3.10: KSS-bezogene Kosten [ISF-05]

Abbildung 3.10 zeigt, dass die KSS-bezogene Kosten um ein Vielfaches höher liegen können als Werkzeugkosten.

Zu weiteren Nachteilen von KSS zählen Auswirkungen auf die Gesundheit der Mitarbeiter, welche mit KSS in Kontakt kommen. Geschätzte 1,2 Mio. Arbeiter allein in den USA sind den möglichen Risiken der Verwendung von KSS ausgesetzt. [Mar-08].

Mögliche Lösung der KSS-Problematik wäre entweder ein totaler Verzicht auf KSS bei Zerspanungsvorgängen oder eine drastische Reduzierung der bei der Bearbeitung benötigten Menge an KSS, falls ein Verzicht z.B. werkstoffbedingt nicht möglich ist. Beide Lösungen erfordern neue Werkzeugwerkstoffe und Bearbeitungstechnologien. Demzufolge sind auch neue Lebensdauermodelle notwendig, welche zu berücksichtigen sind, um die Produktion wirtschaftlich zu gestalten.

3.7.1 Werkzeuglebensdauermodell bei Trockenbearbeitung

Im Laufe der letzten Jahre wurden viele Werkstoffe bzw. Werkzeuge entwickelt, die es ermöglichen, auf den Einsatz von KSS bei bestimmten Anwendungen weitgehend zu verzichten. Spezielle Beschichtungen bzw. neuartige Formen der Schneidewerkzeuge ermöglichen einerseits ein Verzichten auf Kühlung, andererseits sicheres Abtransportieren der Späne ohne Verwendung von KSS. Neue Technologie stellt aber auch neue Aufgaben an die Zuverlässigkeitstechnik, welche die Wirtschaftlichkeit dieser Innovationen gewährleisten soll. Die Lebensdauer der neuen Werkzeuge steht dabei im Vordergrund. Bereits existierende Modelle zur Bestimmung der Lebensdauer der Schneidewerkzeuge sind für neue Aufgaben weniger geeignet, da neue Werkzeuge wegen ihrer geometrischen Form und Beschichtung ein anderes Abnutzungsverhalten aufweisen [Jaw-95].

Von Jawahir et al. wurde ein Modell zur Bestimmung der Lebensdauer der genuteten beschichteten Werkzeuge bei der Trockenbearbeitung vorgeschlagen, welches diese zusätzlichen Faktoren berücksichtigt [Jaw-95]:

$$T = T_R \cdot \frac{km}{f^{n_1} d^{n_2}} \cdot \left(\frac{v_R}{v_c}\right)^{W_c\left(\frac{1}{n}\right)}$$

mit

T = *Standzeit*   [min]

T_R = *Referenzstandzeit oder Minutenstandzeit*   [min]

v_c = *Schnittgeschwindigkeit*   [m/min]

v_R = *Schnittgeschwindigkeit bei einer Standzeit von 1 min*   [m/min]   Formel 3-40

f = *Vorschub*   [mm]

d = *Schnitttiefe*   [mm]

m = *Faktor für Bearbeitungsart (m = 1 bei Drehen)*

k, n_1, n_2, n_c = *empirische Konstanten*

n = *Taylor − Exponent*

$W_c = \dfrac{n}{n_c}$ *Beschichtungsfaktor*

Die vorgeschlagene Beziehung ermöglicht es, die Faktoren, welche das Abnutzungsverhalten der beschichteten genuteten Schneidewerkzeuge bei der Trockenbearbeitung beeinflussen, zu berücksichtigen und die Standzeit bzw. die Lebensdauer dieser neuen Werkzeuge für viele Anwendungen mit hoher Genauigkeit zu bestimmen [Jaw-95].

3.7.2 Werkzeuglebensdauermodell bei Minimalmengenschmierung

Ein totaler Verzicht auf KSS ist meistens nicht möglich, weil die Ergebnisse dann unbefriedigend werden bzw. die Wirtschaftlichkeit der Produktion nicht gewährleistet werden kann. Bereits geringe Mengen KSS können das Ergebnis deutlich verbessern. Für Systeme mit sehr geringer Nutzung von KSS werden Begriffe Minimalmengenkühlschmierung (MMKS) bzw. Mindermengenkühlschmierung (MKS) verwendet. Oft werden diese Verfahren als Minimalmengenschmierung (MMS) oder Quasi-Trockenbearbeitung bezeichnet [ISF-05].

Das Ziel der Quasi-Trockenbearbeitung ist, eine Minimalmenge an KSS zu verbrauchen, so dass das Werkstück, das Werkzeug und die direkte Umgebung nach dem Bearbeitungsvorgang trocken sind. Somit gewährleistet die Quasi-Trockenbearbeitung als ein nachhaltiges Bearbeitungsverfahren die Sicherheit für die ausführenden Arbeiter bzw. für die Umwelt und bleibt sehr kosteneffektiv [Mar-08].

Minimalmengenkühlschmierung wird durch Volumenstrom des eingesetzten Schmierstoffs definiert. Dabei werden mehrere Faktoren nicht berücksichtigt [ISF-05]:

- Fertigungsverfahren
- Spanungsquerschnitt
- Schnittparameter
- Werkstoff
- Werkzeugparameter

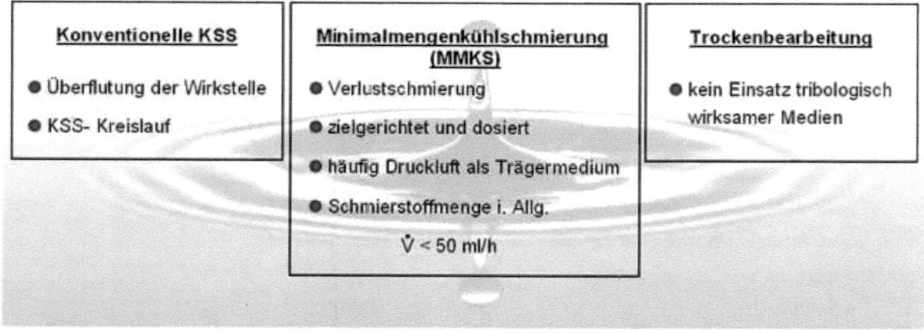

Abbildung 3.11: Definition MMKS [ISF-05]

KSS wird sehr präzise und kontrolliert, oft mit Druckluft zugeführt. Durch die beim Bearbeitungsvorgang entstehende Temperaturerhöhung wird KSS komplett verdampft. Im Vergleich zur konventionellen Bearbeitungsmethode mit Überflutung der Wirkstelle erlaubt die Quasi-Trockenbearbeitung eine Reduzierung der Menge des Kühlschmierstoffs um Faktor 10000, was große Vorteile für Umweltverträglichkeit und Wirtschaftlichkeit bedeutet [Mar-08; ISF-05].

Die Erfahrungen in der Praxis zeigen, dass ein Einsatz der Quasi-Trockenbearbeitung sich sehr kompliziert gestalten kann. Aufgrund sehr vieler unterschiedlicher Parameter, die für Quasi-Trockenbearbeitung zur Verfügung stehen, können unterschiedliche Ergebnisse, sowohl positive als auch negative, erzielt werden. Obwohl die Bandbreite der Anwendungsszenarien sehr groß ist, sind die Rahmenbedingungen im Vergleich zur konventionellen Bearbeitung mit Überflutung der Wirkstelle mit KSS stark eingeschränkt [Mar-08].

Eine der wichtigsten Fragen bei der Planung und Gestaltung einer wirtschaftlichen Produktionsanlage bleibt auch im Fall der Quasi-Trockenbearbeitung die Werkzeuglebensdauer. Die bereits existierenden, meistens auf der Taylor-Beziehung mit ihrer Abhängigkeit der Werkzeuglebensdauer allein von der Schnittgeschwindigkeit basierenden Lebensdauermodelle finden zwar auch hier die Anwendung, eignen sich aber für Quasi-Trockenbearbeitung nur bedingt, weil viele spezifische Parameter dabei nicht berücksichtigt werden. Ein Lebensdauermodell ist nötig, welches einen sehr breiten Bereich der Randbedingungen und Anwendungen der Quasi-Trockenbearbeitung abdeckt und dabei präzise, leicht anwendbar bzw. ohne großen Aufwand anpassbar bleibt. Von Jawahir et al. und Li et al. wurde folgendes Modell vorgeschlagen [Mar-08]:

$$T = T_R \cdot \frac{km}{f^{n_1} d^{n_2}} \cdot \left(\frac{v_R}{v_c}\right)^{\left(\frac{1}{n_c}\right)\left(\frac{1}{N_{NDM}}\right)}$$

mit

$T = Standzeit$	[min]	
$T_R = Referenzstandzeit \; oder \; Minutenstandzeit$	[min]	
$v_c = Schnittgeschwindigkeit$	[m/min]	Formel 3-41
$v_R = Schnittgeschwindigkeit \; bei \; einer \; Standzeit \; von \; 1 \, min$	[m/min]	
$f = Vorschub$	[mm]	
$d = Schnitttiefe$	[mm]	
$m = Faktor \; für \; Bearbeitungsart \; (m = 1 \, bei \; Drehen)$		
$k, n_1, n_2, n_c, N_{NDM} = empirische \; Konstanten$		

Die Kostanten k, n_1, n_2 und n_c können relativ leicht über Versuchsreihen (<10) durchs Variieren der Parameter Vorschub, Schnitttiefe und Schnittgeschwindigkeit mit einer Genauigkeit von ca. 90% ermittelt werden [Mar-08].

Werkstoffe, die in der Metallverarbeitung meistens verwendet werden, sind unterschiedlich für Trockenbearbeitung geeignet. Untersuchungen zeigten, dass vor allem Aluminium-Knetlegierung und unlegierte bzw. niedriglegierte Stähle mit Verwendung von Minimalmengenkühlschmierung prozesssicher bearbeitet werden können. Obwohl eine wirtschaftliche Bearbeitung der hochlegierten, nichtrostenden Stähle mit einer sehr hohen mechanischen und thermischen Werkzeugbelastung verbunden ist, wird sie mit Einsatz von angepassten Hochleistungswerkzeugen und Fertigungsprozessen unter Zuführung von minimalen Mengen an KSS realisierbar [ISF-05].

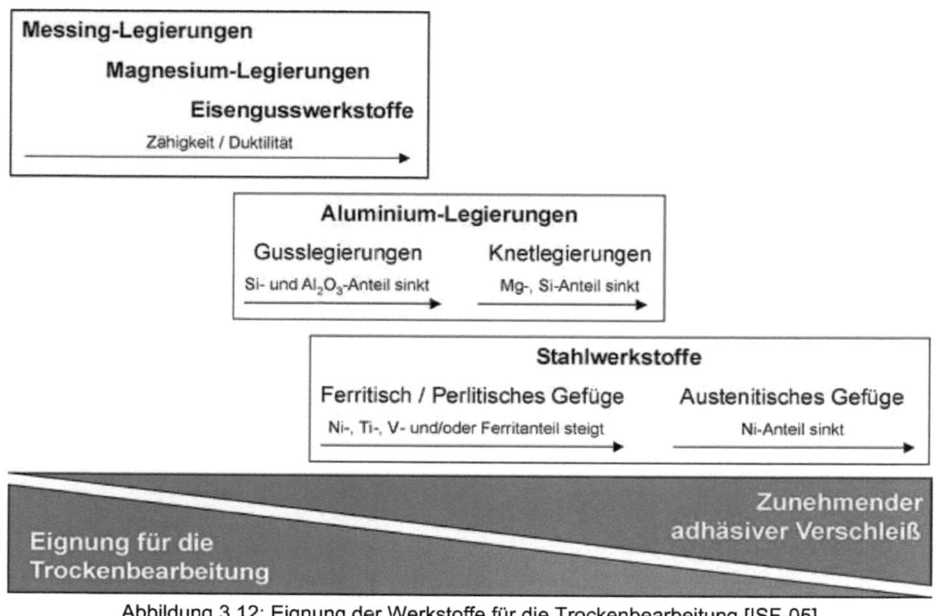

Abbildung 3.12: Eignung der Werkstoffe für die Trockenbearbeitung [ISF-05]

3.8　Werkzeuglebensdauermodell für CBN- und PKD-Werkzeuge

Die Anforderungen an die Produktion hinsichtlich der Effektivität bzw. Produktivität der Zerspanung, der Genauigkeit der Bearbeitung und der Qualität der bearbeiteten Oberflächen wachsen kontinuierlich. Aus diesem Grund hat heutzutage die Lebensdauer der Werkzeuge bzw. die Standzeit eine noch größere Bedeutung für die Zerspanung als früher. Auf breiter Front wird versucht, mit Hilfe diverser Optimierungsansätze die wirtschaftlich günstigste und qualitativ beste Lösung im Bereich des technisch Machbaren zu finden. Viele Versuche wurden unternommen, um Werkzeugverschleiß und Werkzeuglebensdauer für konventionelle Werkzeuge zu beschreiben. Diese Modelle eignen sich nur bedingt für solche Hochleistungswerkzeuge wie CBN- und PKD-Werkzeuge [Mam-05].

Wie bereits erwähnt wurde, hängt die Lebensdauer bzw. die Standzeit eines Werkzeugs von mehreren Parametern ab, dabei übt die Schnittgeschwindigkeit die größte Wirkung auf die Standzeit aus.

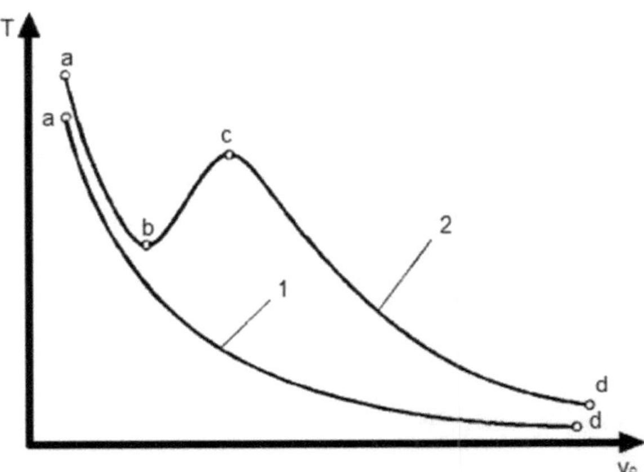

Abbildung 3.13: Typischer Verlauf der Werkzeuglebensdauer [Mam-05]

Der typische Verlauf der Abhängigkeit der Standzeit von der Schnittgeschwindigkeit wird in der Abbildung 3.13 von der Kurve 1 dargestellt. Allerdings, wenn ein sehr breiter Bereich der Schnittgeschwindigkeiten betrachtet wird, zeigt die Abhängigkeit ein Verhalten, welches eher dem Verlauf der Kurve 2 entspricht. Die Taylor-Gleichung und viele andere Lebensdauermodelle beschreiben die Werkzeuglebensdauer nur für einen stark begrenzten Bereich der Schnittgeschwindigkeit, welcher dann dem Abschnitt c-d der Kurve 2 entspricht. Experimente bestätigen, dass der reale Verlauf der Abhängigkeit der Standzeit von der Schnittgeschwindigkeit als eine gebrochenrationale Funktion mit einem relativen Maximum und einem relativen Minimum beschrieben werden kann [Mam-05].

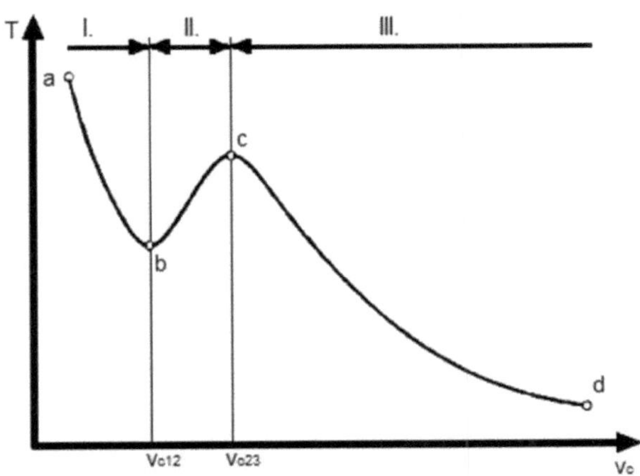

Abbildung 3.14: Drei Bereiche der Werkzeuglebensdauer [Mam-02]

Wie in der Abbildung 3.14 zu sehen ist, kann die gesamte Bandbreite der Schnittgeschwindigkeit in drei Bereiche aufgeteilt werden. Im ersten Bereich sinkt die Standzeit bei wachsender

Schnittgeschwindigkeit auf ein Minimalwert v_{c12}. Im zweiten Bereich hat ein weiteres Erhöhen der Schnittgeschwindigkeit bis zum Wert v_{c23} einen Anstieg der Standzeit zur Folge. Schließlich verringert sich die Standzeit exponentiell bei Schnittgeschwindigkeiten höher als v_{c23} im dritten Bereich. Bei Veränderung der Schnitttiefe und des Vorschubs ändern sich Werte v_{c12} und v_{c23} und die entsprechenden Extremwerte der Standzeit [Mam-05]:

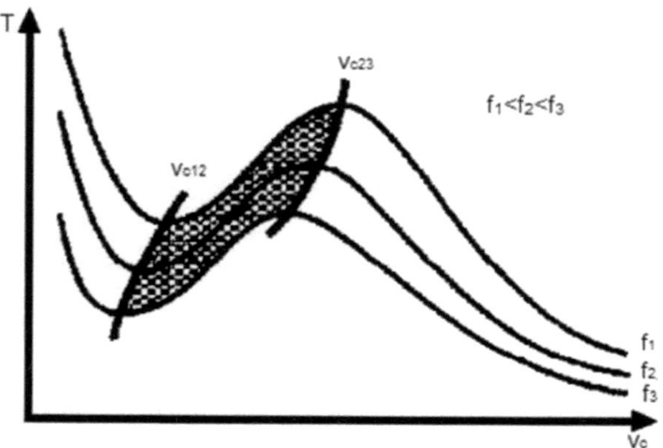

Abbildung 3.15: Einfluss der Schnitttiefe und des Vorschubs auf die Standzeit

Von J.Kundrák wurde 1996 folgende Beziehung vorgeschlagen [Mam-02]:

$$T = \frac{C_{T_1}}{v_c^3 + C_{T_2} \cdot v_c^2 + C_{T_3} \cdot v_c}$$

mit

T = Standzeit

v_c = Schnittgeschindigkeit

$C_{T_1}, C_{T_2}, C_{T_3}$ = *auf Bearbeitungsbedingungen basierende Parameter*

Formel 3-42

Schnittlänge wird durch $L = Tv_c$ definiert. In Formel 3-42 eingesetzt, ergibt sich [Mam-02]:

$$L = \frac{C_{T_1}}{v_c^2 + C_{T_2} \cdot v_c + C_{T_3}}$$

Formel 3-43

Maximale Schnittgeschwindigkeit bzw. maximale Schnittlänge werden definiert durch [Mam-02]:

$$v_{c_{L\,max}} = -\frac{C_{T_2}}{2}$$

Formel 3-44

bzw.

$$L_{max} = \frac{C_{T_1}}{C_{T_3} - 0{,}25 C_{T_2}^2}$$

Formel 3-45

Die vorgeschlagene Gleichung (Formel 3-42) besitzt zwei Extremwerte, d.h. sie beschreibt das Verhalten der Lebensdauer bezüglich der Schnittgeschwindigkeit deutlich genauer als die bereits existierenden Modelle. Einflüsse von Vorschub und Schnitttiefe können durch **erweiterte Gleichungen** beschrieben werden (vgl. Abbildung 3.15) [Mam-02]:

$$v_{c12} = C_{v_{c12}} \cdot f_z^{x_{vc12}} \cdot a_p^{y_{vc12}}$$

$$v_{c23} = C_{v_{c23}} \cdot f_z^{x_{vc23}} \cdot a_p^{y_{vc23}}$$

$$T_{23} = C_{T_{23}} \cdot f_z^{x_{T23}} \cdot a_p^{y_{T23}}$$

Formel 3-46

Konstanten C_{T1}, C_{T2} und C_{T3} werden definiert durch [Mam-02]:

$$C_{T_1} = T_{23} \cdot \left(v_{c23}^3 + C_{T_2} v_{c23}^2 + C_{T_3} v_{c23} \right)$$

$$C_{T_2} = -\frac{3}{2} \cdot \left(v_{c12} + v_{c23} \right)$$

$$C_{T_3} = 3 v_{c12} v_{c23}$$

Formel 3-47

Bei Bohrvorgängen kommt der Einfluss des Bohrdurchmessers hinzu [Mam-02]:

$$v_{c12} = C_{v_{c12}} \cdot f_z^{x_{vc12}} \cdot a_p^{y_{vc12}} \cdot d_w^{q_{vc12}}$$

$$v_{c23} = C_{v_{c23}} \cdot f_z^{x_{vc23}} \cdot a_p^{y_{vc23}} \cdot d_w^{q_{vc23}}$$

$$T_{23} = C_{T_{23}} \cdot f_z^{x_{T23}} \cdot a_p^{y_{T23}} \cdot d_w^{q_{T23}}$$

Formel 3-48

Konstanten und Exponenten (Formeln 3-46, 3-48) haben folgende Werte:

Tabelle 3-3: Parameter für Formel 3-33 [Mam-02]

	C	x	y	q
v_{c12}	3,50	-0,30	-0,11	0,23
v_{23}	3,50	-0,32	-0,08	0,34
T_{23}	52,65	-0,66	-0,18	-0,16

Experimente wurden mit einer einkantigen CBN-Schneide mit verschiedenen Werten für Schnittgeschwindigkeit, Vorschub und Schnitttiefe unter folgenden Randbedingungen durchgeführt [Mam-05]:

- Werkzeug: Composite 01; Werkzeugdaten: γ_0=-5°; α_0= α'_0=15°; λ=0°; κ_r=45°; κ'_r=2°; κ''_r=15°; b_ε=0,3 mm
- Werkstück: Stahlsorte 100Cr6, HRC 62±2
- Universal-Drehmaschine E400-1000
- Prozessparameter: Vorschub f_z=0,025-0,125 mm; Schnitttiefe a_p=0,05-0,25 mm; Durchmesser d=45-100 mm
- Abnutzungsgrenze: VB=0,4 mm

Die bei Experimenten ermittelten Werte sind in den Tabellen 3.4, 3.5 und 3.6 aufgeführt.

Tabelle 3-4: Standzeit T (d=45 mm) [Mam-05]

f_z, mm	a_p, mm	v_c, m/min								
		11	20	29	40	50	68	92	105	120
		T, min								
0,025	0,1	357	241	230	249	276	220	81	50	33
0,075	0,1	249	198	209	209	157	66	18	10	7
0,125	0,1	203	183	184	167	103	30	8	5	4
0,05	0,05	328	238	246	246	258	142	43	25	19
0,05	0,15	258	194	203	216	216	93	25	14	10
0,05	0,25	229	179	184	202	183	70	18	10	7

Tabelle 3-5: Schnittlänge (d=45 mm) [Mam-05]

f_z, mm	a_p, mm	v_c, m/min								
		11	20	29	40	50	68	92	105	120
		L, m								
0,025	0,1	3922	4819	6678	9975	13793	14991	7407	5214	3972
0,075	0,1	2740	3968	6061	8356	7843	4494	1656	1096	831
0,125	0,1	2233	3670	5333	6676	5128	2020	756	510	492
0,05	0,05	3604	4762	7143	9842	12903	9655	3960	2664	2292
0,05	0,15	2837	3883	5884	8624	10811	6349	2328	1515	1191
0,05	0,25	2516	3571	5333	8065	9146	4762	1690	1100	829

Tabelle 3-6: Koeffizienten der Lebensdauerformel, Varianzaufklärung, Bestimmtheitsmaß [Mam-05]

f_z, mm	a_p, mm	C_{T1}	d=45 mm			
			C_{T2}	C_{T3}	R^2, %	R^2_a, %
0,025	0,1	$13{,}17 \times 10^6$	-124,17	4687	97,63	97,21
0,075	0,1	$4{,}42 \times 10^6$	-88,27	2463	97,89	97,32
0,125	0,1	$2{,}63 \times 10^6$	-77,49	1893	98,11	97,63
0,05	0,05	$8{,}91 \times 10^6$	-106,89	3551	96,93	96,15
0,05	0,15	$5{,}78 \times 10^6$	-100,08	3055	97,28	96,71
0,05	0,25	$4{,}60 \times 10^6$	-95,32	2778	96,84	96,03
d, mm			f_z=0,075 mm, a_p=0,1 mm			
45		$4{,}42 \times 10^6$	-88,27	2463	98,09	97,42
75		$7{,}67 \times 10^6$	-103,18	3382	96,53	95,91
100		$10{,}37 \times 10^6$	-112,96	4019	97,22	96,78

Die vorgeschlagene Beziehung (Formel 3-42) hat zum Vorteil, dass sie für eine sehr große Bandbreite der Schnittgeschwindigkeiten anwendbar ist. Bearbeitungsparameter wie Vorschub und Schnitttiefe werden berücksichtigt. Durch Bestimmung von v_{c12} und v_{c23} ist dieses Modell sehr praxisnah und erlaubt es, die Bearbeitungsvorgänge deutlich zu optimieren. Als ein Nachteil kann angesehen werden, dass ein so breites Anwendungsspektrum einer größeren Menge an Experimenten bedarf [Mam-05].

4   Lebensdauer-Last-Beziehungen im Überblick

Ein großes Teil der ermittelten Beziehungen findet in allen Industriezweigen seine Anwendung, z.B. Arrhenius-, Eyring- oder IPL-Beziehungen bzw. darauf basierende Zusammenhänge sind in unterschiedlichsten Industriezweigen einsetzbar. Darüber hinaus existieren umfassende Zusammenhänge wie z.B. Proportional Hazard Modell oder General Log Linear Modell, welche eine gleichzeitige Betrachtung mehrerer beliebigen Belastungen ermöglichen. Andere Beziehungen wurden dagegen speziell auf die jeweiligen Anwendungen abgestimmt und sind nur in bestimmten Bereichen einsetzbar.

Nachfolgende Tabellen stellen die Ergebnisse der Literaturrecherche im Überblick dar. In der Tabelle 4-1 sind die Lebensdauer-Last-Beziehungen aufgeführt, welche vorwiegend in der Elektroindustrie verwendet werden. Tabelle 4-2 befasst sich mit Lebensdauer-Last-Beziehungen, welche im Bereich des Maschinenbaus eingesetzt werden. Besondere Bedeutung hat dabei die spanende Industrie mit einer Vielfalt von Ansätzen zur Beschreibung der Lebensdauer der Schneidewerkzeuge.

Tabelle 4-1: Lebensdauer-Last-Beziehungen in der Elektroindustrie

Elektroindustrie

Einflussgröße (EG)	Anzahl EG	Name	Formel	Parameter	Beschreibung	Quelle
Temperatur	1	Arrhenius	$t_f = A_0 \exp\left(\dfrac{E_a}{kT}\right)$	A_0, E_a - Modellparameter k - Boltzmannkonstante	Ausfälle, basierend auf chemischen Prozessen	[Nel-04; ReliaSoft-13]
Temperatur oder Feuchtigkeit	1	Eyring	$t_f = \dfrac{A_0}{T} \cdot \exp\left(\dfrac{B}{kT}\right)$	A_0, B - Modellparameter V - Last (Temperatur oder Feuchtigkeit)		[ReliaSoft-13; Eyr-41]
Temperatur + 1 nichttherm.	2	Generalis. Eyring	$t_f = A_0 \cdot T^{\alpha} \cdot \exp\left[\dfrac{E_a}{kT} + \left(B + \dfrac{C}{T}\right) \cdot S_1\right]$	A_0, E_a, B, C, D, α – Modellparam. k - Boltzmannkonstante T - Temperatur S_1, S_2 - nichtthermische Belastung	Nichtmechanische Ausfälle, Oxidationsprozesse	[NIST; ReliaSoft-08]
Temperatur + 2 nichttherm.	3		$t_f = A_0 T^{\alpha} \exp\left[\dfrac{E_a}{kT} + \left(B + \dfrac{C}{T}\right) \cdot S_1 + \left(D + \dfrac{E}{T}\right) \cdot S_2\right]$			
Spannung	1	IPL für Spannung	$t_f = A_0 / U^{\beta}$	A_0, β - Modellparameter U - Spannung	Spannungsbedingte Ausfälle von Kondensatoren und Isolierungen	[NIST; Nel-04]
		Exponent. Modell	$t_f = A_0 \cdot e^{\beta U}$			[NIST]
Temperatur + Spannung	2		$t_f = A_0 \cdot \exp\left(\dfrac{E_a}{kT} - BU\right)$	A_0, E_a, β, B- Modellparameter k - Boltzmannkonstante U - Spannung T - Temperatur	Temperatur- und spannungsbedingte Ausfälle von elektrischen Komponenten	[NIST; Nel-04; ReliaSoft-08]
			$t_f = A_0 \cdot U^{-\beta} \cdot \exp\left(\dfrac{E_a}{kT}\right)$			
Temperatur + 1 nichttherm.	2	Reliasoft IPL + Arrhenius	$L(U,V) = C U^{-n} e^{\frac{B}{V}}$	B, C, n - Modellparameter V - Temperatur U - nichtthermische Belastung	Nichtmechanische Ausfälle	[ReliaSoft-13]

Elektroindustrie

Einflussgröße (EG)	Anzahl EG	Name	Formel	Parameter	Beschreibung	Quelle
Temperatur + Stromdichte	2	Elektro-migration	$t_f = A_0 \cdot J^{-2} \cdot \exp\left(\dfrac{E_a}{kT}\right)$	A_0, E_a, β, B - Modellparameter k - Boltzmannkonstante T - Temperatur J - Stromdichte	Temperatur- und elektromigrationsbedingte Ausfälle von Leiterbahnen in ICs, Leiterplatten	[NIST; Nel-04]
Temperatur + Feuchtigkeit	2	Peck	$t_f = A_0 \cdot \varphi_{rel}^{-n} \cdot \exp\left(\dfrac{E_a}{kT}\right)$	A_0, E_a, B, n – Modellparameter k - Boltzmannkonstante φ_{rel} - relative Feuchtigkeit T - Temperatur	Temperatur-, feuchtigkeits- und oxidationsbedingte Ausfälle von elektrischen Komponenten	[Nel-04; Pec-86]
		Intel	$t_f = A_0 \cdot \exp(-B \cdot \varphi_{rel}) \cdot \exp\left(\dfrac{E_a}{kT}\right)$			[Nel-04]
		Reliasoft Temp.-Feuchte	$L(V,U) = A \exp\left(\dfrac{\phi}{V} + \dfrac{b}{U}\right)$	A, ϕ, b - Modellparameter V - Temperatur U - relative Feuchtigkeit		[ReliaSoft-13]
Temperatur + Feuchtigkeit + Spannung	3	Three-Stress-Modell	$t_f = A_0 \cdot \varphi_{rel}^{-\beta} \cdot U^{-\gamma} \cdot \exp\left(\dfrac{E_a}{kT}\right)$	A_0, E_a, β, γ - Modellparameter k - Boltzmannkonstante φ_{rel} - relative Feuchtigkeit U - Spannung T - Temperatur	Temperatur-, feuchtigkeits-, oxidations- und spannungsbedingte Ausfälle von elektrischen Komponenten	[NIST]
		Aluminium - Korrosion	$L(RH,V,T) = B_0 \exp[(-a)RH] f(V) \exp\left(\dfrac{E_a}{kT}\right)$	a, E_a, B_0, γ - Modellparameter k - Boltzmannkonstante RH - relative Feuchtigkeit V - Spannung T - Temperatur	Korrosionsbedingte Ausfälle von elektronischen Komponenten aus Al und Al-Legierungen bzw. metallisierten Halbleitern	[ReliaSoft-08]
Temperatur + Stromstärke	2	HCI - Modell	$L(I,T) = B\left(I_{sub}\right)^{-N} \exp\left(\dfrac{E_a}{kT}\right)$ $L(I,T) = B\left(I_{gate}\right)^{-M} \exp\left(\dfrac{E_a}{kT}\right)$	E_a, B, N, M - Modellparameter k - Boltzmannkonstante I_{sub}, I_{gate} - Stromstärke T - Temperatur	Ausfälle von MOSFETs aufgrund falscher Übergänge von Ladungsträgern	[ReliaSoft-08]
1 nichttherm.	1	IPL	$L(V) = \dfrac{1}{KV^n}$	n, K - Modellparameter V - Belastung	Ausfälle aufgrund elektrisch bedingter Alterungsvorgänge	[ReliaSoft-13; Nel-04]

Elektroindustrie

Einflussgröße (EG)	Anzahl EG	Name	Formel	Parameter	Beschreibung	Quelle
Temperatur	1	Coffin-Manson	$N = \dfrac{A_0}{\Delta T^B}$	N - Anzahl Lastwechsel bis zum Bruch A_0, B- Modellparameter ΔT - Temperaturbandbreite	Ausfälle, bedingt durch Materialermüdung, Temperaturschwankungen und Rissbildung	[Nel-04]
Temperatur + Lastwechselfrequenz	2	Coffin-Manson, modifiziert	$N = \dfrac{A_0}{\Delta T^B} \cdot \dfrac{1}{f^\alpha} \cdot \exp\!\left(\dfrac{E_a}{kT_{max}}\right)$	N - Anzahl Lastwechsel bis Bruch A_0, E_a, B - Modellparameter k - Boltzmannkonstante f - Lastwechselfrequenz ΔT - Temperaturbandbreite T_{max} - maximal erreichbare Temp. während Lastwechsel	Ausfälle, bedingt durch Materialermüdung, Temperaturschwankungen und Rissbildung bei Betrieb in bestimmten Temperaturbereichen	[NIST; ReliaSoft-08]
Temperatur + Zugbelastung	2	Zhurkov	$t_f = A_0 \cdot \exp\!\left[\dfrac{-B}{kT} - D\!\left(\dfrac{S}{kT}\right)\right]$	A_0, B, D – Modellparameter k - Boltzmannkonstante T - Temperatur S - Zugbelastung	Ausfälle, bedingt durch Zugbelastung	[Nel-04]
m konstante Belastungen	m	Proport. Hazard	$\lambda(t, \underline{X}) = \lambda_0(t) \cdot \exp\!\left(\sum_{j=1}^{m} a_j x_j\right)$	λ – Ausfallrate a_j – Modellparameter $\underline{X}$ – Lastvektor x_j – Last j	Beschreibt Wirkung verschiedener, gleichzeitig auftretender proportionaler Belastungen auf die Ausfallrate	[ReliaSoft-13]
m konstante Belastungen	m	General-Log-Linear	$L(\underline{X}) = \exp\!\left(\alpha_0 + \sum_{j=1}^{m} \alpha_j \cdot X_j\right)$	L – Lebensdauer α_0, α_j – Modellparameter $\underline{X}$ – Lastvektor x_j – Last j	Beschreibt Wirkung verschiedener, gleichzeitig auftretender konstanter Belastungen auf die Lebensdauer	[ReliaSoft-13]
m zeitvariante Belastungen	m	Step-Stress, Cum. Damage	Kombination mit General-Log-Linear und geeigneten Lebensdauer-Last-Beziehungen		Beschreibt Ausfallverhalten bei verschiedenen Belastungsstufen über die Zeit, Akkumulierung des Schadens	[ReliaSoft-13]

Tabelle 4-2: Lebensdauer-Last-Beziehungen im Maschinenbau

Maschinenbau

Einflussgröße (EG)	Anzahl EG	Name	Formel	Parameter	Beschreibung	Quelle
Temperatur	1	Arrhenius	$t_f = A_0 \exp\left(\dfrac{E_a}{kT}\right)$	A_0, E_a - Modellparameter k - Boltzmannkonstante	Ausfälle, basierend auf chemischen Prozessen	[Nel-04; ReliaSoft-13]
Temperatur oder Feuchtigkeit	1	Eyring	$t_f = \dfrac{A_0}{T} \cdot \exp\left(\dfrac{B}{kT}\right)$	A_0, B - Modellparameter V - Last (Temperatur oder Feuchtigkeit)		[ReliaSoft-13]
Temperatur + 1 nichttherm.	2	Generalis. Eyring	$t_f = A_0 \cdot T^{\alpha} \cdot \exp\left[\dfrac{E_a}{kT} + \left(B + \dfrac{C}{T}\right) \cdot S_1\right]$	A_0, E_a, B, C, D, α – Modellparam. k - Boltzmannkonstante T - Temperatur S_1, S_2 - nichtthermische Belastung	Temperaturbedingte Ausfälle, in Kombination mit anderen Belastungen, Oxidationsprozesse	[NIST; ReliaSoft-08]
Temperatur + 2 nichttherm.	3		$t_f = A_0 T^{\alpha} \exp\left[\dfrac{E_a}{kT} + \left(B + \dfrac{C}{T}\right) \cdot S_1 + \left(D + \dfrac{E}{T}\right) \cdot S_2\right]$			
Temperatur + Feuchtigkeit	2	Peck	$t_f = A_0 \cdot \varphi_{rel}^{\,-n} \cdot \exp\left(\dfrac{E_a}{kT}\right)$	A_0, E_a, B, n - Modellparameter k - Boltzmannkonstante φ_{rel} - relative Feuchtigkeit T - Temperatur	Temperatur-, feuchtigkeits- und oxidationsbedingte Ausfälle	[Nel-04; Pec-86]
		Intel	$t_f = A_0 \cdot \exp(-B \cdot \varphi_{rel}) \cdot \exp\left(\dfrac{E_a}{kT}\right)$			[Nel-04]
		Reliasoft Temp.-Feuchte	$L(V,U) = A \exp\left(\dfrac{\phi}{V} + \dfrac{b}{U}\right)$	A, ϕ, b - Modellparameter V - Temperatur U - relative Feuchtigkeit		[ReliaSoft-13]
1 nichttherm.	1	IPL	$L(V) = \dfrac{1}{KV^{n}}$	n, K - Modellparameter V - Belastung	Ausfälle aufgrund Alterungsvorgänge	[ReliaSoft-13; Nel-04]
dynamisch äquivalente Belastung	1	IPL Wälzlager - Lebensdauer	$L_{10} = \left(\dfrac{C}{P}\right)^{p}$ bzw. $L_{10h} = \dfrac{10^6 \cdot L_{10}}{60 \cdot n}$	L_{10} – Lebensdauer in 10^6 Umdr-n L_{10} – Lebensdauer in Stunden C – dynamische Tragzahl P – dynamisch äquiv. Belastung n – Drehzahl p=3 für Kugellager, p=10/3 für Rollenlager	Dimensionierung der Wälzlager, Bestimmung der Lagerlebensdauer in Abhängigkeit von der Belastung	[DIN ISO 281]

Maschinenbau

Einflussgröße (EG)	Anzahl EG	Name	Formel	Parameter	Beschreibung	Quelle
Temperatur	1	Coffin-Manson	$$N = \dfrac{A_0}{\Delta T^B}$$	N - Anzahl Lastwechsel bis zum Bruch A_0, B - Modellparameter ΔT - Temperaturbandbreite	Ausfälle, bedingt durch Materialermüdung, Temperaturschwankungen und Rissbildung	[Nel-04]
Temperatur + Lastwechsel-frequenz	2	Coffin-Manson, modifiziert	$$N = \dfrac{A_0}{\Delta T^B} \cdot \dfrac{1}{f^\alpha} \cdot \exp\left(\dfrac{E_a}{kT_{max}}\right)$$	N - Anzahl Lastwechsel bis Bruch A_0, E_a, B - Modellparameter k - Boltzmannkonstante f - Lastwechselfrequenz ΔT - Temperaturbandbreite T_{max} - maximal erreichbare Temp. während Lastwechsel	Ausfälle, bedingt durch Materialermüdung, Temperaturschwankungen und Rissbildung bei Betrieb in bestimmten Temperaturbereichen	[NIST; ReliaSoft-08]
Temperatur + Zugbelastung	2	Zhurkov	$$t_f = A_0 \cdot \exp\left[\dfrac{-B}{kT} - D\left(\dfrac{S}{kT}\right)\right]$$	A_0, B, D – Modellparameter k - Boltzmannkonstante T - Temperatur S - Zugbelastung	Ausfälle, bedingt durch Zugbelastung	[Nel-04]
m konstante Belastungen	m	Proport. Hazard	$$\lambda(t,\underline{X}) = \lambda_0(t) \cdot \exp\left(\sum_{j=1}^{m} a_j x_j\right)$$	λ – Ausfallrate a_j – Modellparameter $\underline{X}$ – Lastvektor x_j – Last j	Beschreibt Wirkung verschiedener, gleichzeitig auftretender proportionaler Belastungen auf die Ausfallrate	[ReliaSoft-13]
m konstante Belastungen	m	General-Log-Linear	$$L(\underline{X}) = \exp\left(\alpha_0 + \sum_{j=1}^{m} \alpha_j \cdot X_j\right)$$	L – Lebensdauer α_0, α_j – Modellparameter $\underline{X}$ – Lastvektor x_j – Last j	Beschreibt Wirkung verschiedener, gleichzeitig auftretender konstanter Belastungen auf die Lebensdauer	[ReliaSoft-13]
m zeitvariante Belastungen	m	Step-Stress, Cum. Damage	Kombination mit General-Log-Linear und geeigneten Lebensdauer-Last-Beziehungen		Beschreibt Ausfallverhalten bei verschiedenen Belastungsstufen über die Zeit, Akkumulierung des Schadens	[ReliaSoft-13]
Schnittge-schwindigkeit	1	Taylor	$$T = C_v \cdot v_c^k$$	T – Standzeit v_c – Schnittgeschwindigkeit C_v, k - Modellparameter	Lebensdauer der Schneidewerkzeuge in Abhängigkeit von der Schnittgeschwindigkeit	[Tay-16; Sch-02]

Maschinenbau

Einflussgröße (EG)	Anzahl EG	Name	Formel	Parameter	Beschreibung	Quelle
Schnittgesch. + Vorschub + Schnitttiefe	3	Taylor erweitert	$T = C \cdot v_c^{k} \cdot f_z^{k_{fz}} \cdot a_p^{k_a}$	T – Standzeit v_c – Schnittgeschwindigkeit f_z – Vorschub a_p - Schnitttiefe C, k, k_a, k_{fz} - Modellparameter	Lebensdauer der Schneidewerkzeuge in Abhängigkeit von Schnittgeschwindigkeit, Vorschub, Schnitttiefe	[Klo-08]
Schnittgesch. + Vorschub + Schnitttiefe + Härte	4	Taylor erweitert mit Härte	$v_c = \dfrac{C}{T^m f_z^{y} a_p^{x} \left(\dfrac{HBW}{200} \right)^{n}}$	T – Standzeit v_c – Schnittgeschwindigkeit f_z – Vorschub a_p – Schnitttiefe HBW – Brinellhärte Werkstoff C, m, y, x, n - Modellparameter	Lebensdauer der Schneidewerkzeuge in Abhängigkeit von Schnittgeschwindigkeit, Vorschub, Schnitttiefe und Werkstoffhärte	[Wan-86]
Freiwinkel + Spanwinkel	2	Werkzeug - Geometrie	$C \sim \left[(\cot\alpha - \tan\gamma)(1 - m\gamma)^{1/n} \varepsilon \right]^{-n}$	C – Taylor-Konstante α – Freiwinkel der Schneide γ – Spanwinkel der Schneide ε, m, n - Modellparameter	Abhängigkeit der Taylor-Konstante von geom. Eigenschafen des Schneidewerkzeugs	[Lau-80]
Temperatur	1	Oxley	$\theta \cdot T^n = C$	T – Standzeit Θ – Temperatur an der Wirkstelle C, n - Modellparameter	Lebensdauer der Schneidewerkzeuge in Abhängigkeit von der Temperatur	[Mar-08]
Schnittgeschwindigkeit + Vorschub + Schnitttiefe	3	Trockenbearbeitung	$T = T_R \cdot \dfrac{km}{f^{n_1} d^{n_2}} \cdot \left(\dfrac{v_R}{v_c} \right)^{W_c \left(1/n \right)}$	T – Standzeit v_c – Schnittgeschwindigkeit T_R – Referenzstandzeit v_R – Referenzgeschwindigkeit. f – Vorschub d – Schnitttiefe n, n_1, n_2, k, W_c - Modellparameter	Lebensdauer der Schneidewerkzeuge in Abhängigkeit von Schnittgeschwindigkeit, Vorschub, Schnitttiefe bei Trockenbearbeitung	[Jaw-95]
Schnittgeschwindigkeit + Vorschub + Schnitttiefe	3	MMKS	$T = T_R \cdot \dfrac{km}{f^{n_1} d^{n_2}} \cdot \left(\dfrac{v_R}{v_c} \right)^{\left(1/n_c \right)\left(\frac{1}{N_{NDM}} \right)}$	T – Standzeit v_c – Schnittgeschwindigkeit T_R – Referenzstandzeit v_R – Referenzgeschwindigkeit. f – Vorschub, d – Schnitttiefe $n, n_1, n_2, k, n_c, N_{NDM}$ – Modellparam	Lebensdauer der Schneidewerkzeuge in Abhängigkeit von Schnittgeschwindigkeit, Vorschub, Schnitttiefe bei MMKS	[Mar-08]
Schnittgeschwindigkeit	1	CBN/PKD	$T = \dfrac{C_{T_1}}{v_c^{3} + C_{T_2} \cdot v_c^{2} + C_{T_3} \cdot v_c}$	T – Standzeit v_c – Schnittgeschwindigkeit C_{T1}, C_{T2}, C_{T3} - Modellparameter	Lebensdauer der CBN- und PKD-Werkzeuge in Abhängigkeit von Schnittgeschw. in großen Geschw.-Bereichen	[Mam-02]

5 Zusammenfassung und Ausblick

5.1 Zusammenfassung

Gemäß der Aufgabenstellung wurde eine Literaturrecherche im Hinblick auf die bereits existierenden Lebensdauer-Last-Beziehungen durchgeführt. Die Recherche umfasste sowohl Standardwerke zur Zuverlässigkeitstechnik und Lebensdauerprüfung (z.B. Nelson, Bertsche) als auch Normen und aktuelle wissenschaftliche Publikationen bzw. Forschungsberichte. Auch die Ressourcen der staatlichen Einrichtungen wie das US-amerikanische National Institute of Standards and Technology (NIST) und der auf dem Gebiet der Zuverlässigkeitstechnik etablierter Unternehmen wie ReliaSoft Corporation wurden zur Erreichung des Ziels dieser Arbeit herangezogen.

Bei der Recherche wurden die verschiedenen bestehenden Belastungsarten der Maschinen und Werkzeuge identifiziert und den Industriezweigen zugeordnet, in welchen sie besondere Relevanz haben. Anschließend wurden die Lebensdauer-Last-Beziehungen ermittelt, welche jeweils zu diesen Belastungsarten gehören. Eine vollständige Liste der bekannten Lebensdauer-Last-Beziehungen wurde detailliert dargestellt und in der Tabellenform zusammengefasst. Hiermit werden möglichst realistische Prognosen der Lebensdauer von Maschinen und Werkzeugen realisierbar.

5.2 Ausblick

Es ist vorstellbar, dass eine Integration der Belastungen in die Zuverlässigkeitsmethoden die Aufgabe nachfolgender wissenschaftlicher Arbeiten sein kann. Darüber hinaus ist die Entwicklung einer neuen Vorgehensweise zur Ermittlung möglichst realistischer Prognosen von benötigten Instandhaltungstätigkeiten denkbar, wobei die belastungsabhängige Lebensdauer berücksichtigt wird.

Abbildungsverzeichnis

Tabellenverzeichnis

Literaturverzeichnis

Buch

[Ber-04]   Bertsche, B.: Zuverlässigkeit im Fahrzeug- und Maschinenbau; 3,Springer-Verlag; Berlin 2004, ISBN 3-540-20871-2

[Cox-84]   Cox, D.: Analysis of Survival Data; Chapman and Hall; London 1984, ISBN 0-412-24490-X

[DIN 40041-]   DIN 40041: Zuverlässigkeit; Beuth Verlag; Berlin, 1990

[DIN EN 13306] DIN EN 13306: Instandhaltung – Begriffe der Instandhaltung; Beuth Verlag; Berlin, 2010

[DIN EN 60300-1] DIN EN 60300-1: Zuverlässigkeitsmanagement - Teil 1: Zuverlässigkeitsmanagementsysteme; Beuth Verlag; Berlin, 2003

[DIN EN 61649] DIN EN 61649: Weibull-Analyse; Beuth Verlag; Berlin, 2009

[DIN EN 61703] DIN EN 61703: Mathematische Ausdrücke für Begriffe der Funktionsfähigkeit,Verfügbarkeit, Instandhaltbarkeit und Instandhaltungsbereitschaft; Beuth Verlag; Berlin, 2002

[DIN ISO 281] DIN ISO 281: Wälzlager – Dynamische Tragzahlen und nominelle Lebensdauer; Beuth Verlag; Berlin, 2010

[Dob-03]   Dobrinski, P.: Physik für Ingenieure; 10.,B.G. Teubner; Wiesbaden 2003, 3-519-46501-9

[Eyr-41]   Eyring, H.: The Theory of Rate Processes; McGraw-Hill Book Company, Inc.; New York 1941

[Heb-99]   Hebeisen, W.: F.W. Taylor und der Taylorismus; vdf Hochschulverlag an der ETH Zürich; Zürich 1999, ISBN 3 7281 2521 0

[Klo-08]   Klocke, F.: Fertigungsverfahren 1; 8,Springer; Berlin 2008, ISBN 978-3-540-23458-6

[Lan-10]   Lanza, G.: Skalierbare Life-Cycle-Performance-Prognoseverfahren für den Maschinen- und Anlagenbau. Abschlussbericht; wbk Institut für Produktionstechnik des Karlsruher Instituts für Technologie (KIT); Karlsruhe 2010

[MIL-STD-785B] MIL-STD-785B: Reliability Program for Systems and Equipment, Development and Production; Department of Defence, USA; Washington, 1980

[Muh-07]   Muhs, D.: Roloff/Matek Maschinenelemente; 18,Friedr. Vieweg & Sohn Verlag; Wiesbaden 2007, 978-3-8348-0262-0

[Nel-04]   Nelson, W.: Accelerated Testing; Wiley ; Hoboken 2004

[Nig-10]   Niggeschmidt, S.: Ausfallgerechte Ersatzteilbereitstellung im Maschinen- und Anlagebau mittels lastabhängiger Lebensdauerprognose. Dissertation; Shaker; 2010, ISBN 978-3-8322-9168-6

[Röt-05]   Rötzel, A.: Instandhaltung - Eine betriebliche Herausforderung; 3,VDE Verlag GmbH; Berlin 2005, ISBN 3-8007-2872-9

[Sch-02]   Schönherr, H.: Spanende Fertigung; Oldenbourg Wissenschaftsverlag; Oldenbourg 2002, ISBN 3486250450

[Tay-16]   Taylor, F.: Über Dreharbeit und Werkzeugstähle. Authorisierte deutsche Ausgabe der Schrift: "On the Art of Cutting Metals" von Fred.W. Taylor, Philadelphia; 2,Verlag von Julius Springer; Berlin 1916

[Tön-04]   Tönshoff, H. K.: Spanen; 2,Springer; Berlin 2004, ISBN 3-540-00588-9

[Tsc-08]   Tschätsch, H.: Praxis der Zerspantechnik; 9,Vieweg+Teubner; Wiesbaden 2008, ISBN 978-3-8348-0540-9

[VDI 3822]   VDI 3822: Schadensanalyse - Grundlagen und Durchführung; Beuth Verlag; Berlin, 2011

[VDI 4001-2]   VDI 4001-2: Terminologie der Zuverlässigkeit; Beuth Verlag; Berlin, 2006

[Waw-7]   Wawerla, M.: Risikomanagemant von Garantieleistungen : Methodische Identifikation, Beurteilung, Steuerung und Überwachung der Risiken von Garantieleistungen im Maschinen- und Anlagenbau; Shaker; Aachen 2007 , ISBN 978-3-8322-6893-0

Artikel in einer Zeitschrift
[Dal-85]   Dale, C.:Application of the Proportional Hazards Model in the Reliability Field; in Reliability Engineering:(1985) Heft 10; S. 1-14

[Esc-06]   Escobar, L.:A Review of Accelerated Test Models; in Statistical Science:(2006) Heft 21; S. 552-577

[Jaw-95]   Jawahir, I.:A New Parametric Approach for the Assessment of Comprehensive Tool Wear in Coated Grooved Tools; in Annals of the CIRP:(1995) Heft 44; S. 49-54

[Lau-80]   Lau, W.:The relation between tool geometry and the Taylor tool-life constant; in International Journal of Machine Tool Designing and Research:(1980) Heft 20; S. 29-44

[Mam-02]   Mamalis, A.:Wear and Tool Life of CBN Cutting Tools; in The International Journal of Advanced Manufacturing Technology:(2002) Heft 20; S. 475–479

[Mam-05]   Mamalis, A.:On a Novel Tool-life Relation for Precision Cutting Tools; in Transactions of ASME:(2005) Heft 127; S. 328-332

[Mar-08]   Marksberry, P.:A comprehensive tool-wear/tool-life performance model in the evaluation of NDM (near dry machining) for sustainable manufacturing; in International Journal of Machine Tools & Manufacture:(2008) Heft 48; S. 878-886

[Pec-86]   Peck, D.:Comprehensive Model for Humidity Testing Correlation; in IEEE-IRPS:(1986) Heft 24; S. 44-50

[ReliaSoft-08]   ReliaSoft:Reliability Prediction Methods for Electronic Products; in Reliability Edge:(2008) Heft vol.9, Issue 1; S. 1-19

[Wan-86]   Wang, H.:An expert system for machining data selection; in Computers and Industrial Engineering:(1986) Heft 10(2); S. 99-107

Dokument von Webseite

[ISF-05]   (2005):   ISF-Trockenbearbeitung;Quelle: http://www.trockenzerspanung.de/;
                vom 12.August.2005

[NIST]   www.itl.nist.gov/div898/handbook/index   Engineering   Statistics   Handbook   -
                Assessing   Product   Reliability;Quelle:
                www.itl.nist.gov/div898/handbook/indexvom

[ReliaSoft-13] Accelerated Life Testing Data Analysis Reference (2013): Accelerated Life
                Testing   Data   Analysis   Reference;Quelle:
                http://reliawiki.org/index.php/Accelerated_Life_Testing_Data_Analysis_Referen
                ce; vom 27.01.2013